고양이 안전사고 예방 안내서

생명을 위협하는 식품·식물·물건 총정리
안전사고 예방부터 치료, 대처법까지

고양이 안전사고
예방 안내서

네코넷코 편집부 엮음 | 핫토리 유키 감수 | 전화영 옮김

생명을 위협하는
일상 속 위험을 찾아라

    고양이를 실내에서 키우는 것이 보편화되면서 사람과 한 공간에서 생활하는 고양이가 예전이라면 먹지 않았을 이물질을 먹는 사고가 늘고 있다. 이물질은 시간이 지나면 체외로 배출되지만 배출되지 못하면 마취 후 내시경으로 빼내거나 개복 수술을 해야 하는 경우도 많다. 게다가 고양이가 이물질을 먹었다는 사실을 보호자가 눈치 채지 못할 정도로 소리 없이 사고가 일어나는 사례도 많다.

    사람보다 몸집이 작고 물질대사의 체계가 다른 고양이에게 유해한 식품, 식물, 가정용품이 집 안에 의외로 많다. 그중에는 중독 증상이 개보다 고양이에게 강하게 나타나는 성분을 함유

한 것도 있다. 고양이에게는 고양이에게서만 찾아볼 수 있는 이물질 섭취와 중독의 특징이 있고, 인간의 생활 변화에 따라 고양이가 입에 대기 쉬운 물건 또한 바뀌고 있다. 그렇기에 '현재를 사는 고양이의 삶'에 걸맞은 안전사고 대응이 필요하다.

책에는 고양이가 먹었을 때 장폐색이나 위장장애를 일으킬 수 있는 물건, 중독을 일으킬 수 있는 식품·음료·관엽식물·꽃·화학제품 등을 각종 조사와 보고를 바탕으로 소개한다.

사고가 일어났을 때 침착하게 대처하고 신속하게 동물병원으로 가서 처치를 받는 것도 중요하지만 그보다 무엇이 고양이에게 위협이 되는지를 아는 것이 더 중요하다. 위험한 것에 가까이 하지 않게 함으로써 이물질 섭취와 중독으로 인해 일어나는 사고를 미연에 방지하는 것이 최선이다.

프롤로그

고양이의
이물질 섭취와
중독

"우리 고양이는 사료 말고는 안 먹어요!"라는
확신은 위험하다

이물질 섭취와 중독의 경향

고양이는 혼자 사냥을 하는 동물이어서 낯선 물체에 신중하게 다가간다. 무리 생활을 하며 고기 외에도 다양한 먹이를 먹는 잡식성 개와 비교하면 '무엇이든 입에 넣을' 위험이 낮다고 할 수 있다.

그러나 고양이라고 이물질을 섭취하지 않는 것은 아니다. 이물질 섭취는 고양이가 수술·입원하는 대표적인 원인 중 하나다. 수렵 본능이 발동해 집 안의 물건을 갉아먹기도 하고 사냥감의 살을 발라내는 데 적합한 까슬까슬한 혀가 이물질을 의도치 않게 감아 먹게 되기도 한다. 이처럼 고양이에게는 고양이만의 이물질 섭취 이유가 있어 보인다.

고양이라서 일어나기 쉬운 중독도 있다

미국동물학대방지협회ASPCA, American Society for the Prevention of Cruelty to Animals가 운영하는 동물중독관리센터APCC, Animal Poison Control Center에 2005년부터 2014년까지 10년간 개와 고양이 관련 중독사고 문의 전화는 24만 1,253건이다. 그중 14퍼센트인 3만 3,869건이 고양이와 관련이 있었으며 원인으로는 사람 의약품, 식물, 동물 의약품이 많았다. 고양이의 중독사고가 개보다 적다고 생각할 수 있지만 중독을 일으키는 식품, 식물, 영양제 등은 개보다 고양이에게 더 치명적일 수 있다. 고양이라서 괜찮다고 방심하지 말고 고양이라서 더 위험하다는 인식이 필요하다.

이물질 섭취 사고는 건강을 위협할 뿐 아니라 의료비도 부담이 된다!

섭취한 이물질이 장을 막아 폐색을 일으키거나 뾰족한 부분

▼ 고양이 수술 원인

순위	병명	건수	평균 수술비
1	치주 질환/치은염(잔존 유치로 인한 것도 포함)	439건	61,519엔
2	소화기관 내 이물질 관련 문제	324건	125,618엔
3	그 외 피부 종양	122건	79,938엔

▼ 고양이 입원 원인

순위	병명	건수	평균 입원 일수	평균 진료비
1	만성 신장 질환(신부전 포함)	1,244건	4.6일	69,003엔
2	소화기관 내 이물질 관련 문제	389건	3.8일	111,587엔
3	구토/설사/혈변(원인 불명)	365건	3.6일	67,097엔

* 《애니컴 가정동물백서 2019》(애니컴은 반려동물 전문 보험사다_옮긴이)
* 2017년 4월 1일부터 2018년 3월 31일 사이에 애니컴손해보험(주)의 보험에 가입한 고양이(0~12세) 중에서 각 질환으로 보험 청구가 이루어진 100,472마리의 진료비를 집계한 결과다(통원·입원·수술 포함)

이 소화기관에 구멍을 내면 개복 수술을 해야 한다. 개복 수술은 고양이 몸에 부담이 될 뿐 아니라 수술과 입원에 필요한 비용을 비롯해 의료비도 증가한다.

리본 장난감, 실리콘 제품을 먹은 푸알
(3세, 수컷)

고양이 이물질 섭취는 온 가족이 주의를 기울여야 한다

푸알은 엉뚱한 물건을 먹은 경험이 있다. 생후 6개월쯤 잠깐 한눈을 판 사이 가지고 놀던 낚싯대 장난감의 리본 장식을 삼키려고 했다. 황급히 장난감을 빼앗았지만 푸알의 입 안쪽에 리본 가닥이 보였다. 밤 10시가 넘었지만 평소 다니던 동물병원의 수의사에게 전화를 건 뒤 병원을 찾았다. 구토 유발 처치를 받았지만 효과가 없었고 수의사의 조언에 따라 응급실이 있는 동물병원으로 향했다. 택시를 타고 한 시간을 달려간 병원에서 겨우 내시경으로 리본 매듭을 꺼낼 수 있었다.

그 후 푸알이 끈을 먹지 않도록 신경 썼는데 어느 날 물통의 패킹을 먹은 사실을 알게 됐다. 패킹이 없어져 찾아헤멘 다음 날 저녁, 푸알이 평소와는 다른 소리로 울며 조각난 패킹을 게워 냈다. 동물병원에 문의했더니 남은 패킹이 변에 섞여 나오는지 지켜보자고 했다. 다행히 시간이 지나 대변에 섞여 나왔다. 이후로 패킹은 고양이가 닿을 수 없는 곳에서 말린다. 이 외에도 푸알은 딸아이의 실리콘 키홀더와 목걸이를 먹은 적도 있다. 가족 모두 주의를 기울였어야 했다고 반성했다. 이물질 섭취는 보호자가 막을 수 있는 일이기에 고통을 겪은 푸알에게 더욱 미안했다. 방심하지 말고 세심히 살피자고 가족 모두 다짐했다.

이물질 섭취와 중독이 일어나기 쉬운 경우

● 어린 고양이에게 일어나기 쉽다

경계심보다 호기심이 많은 새끼 고양이, 젊은 고양이가 특히 아무거나 먹을 확률이 높다. 또한 고양이를 처음 키우는 많은 사람이 고양이 관련 지식을 하나둘 알아갈 무렵에 사고가 가장 많이 일어나 그 시기가 겹친다. 식물로 인한 중독 사례의 절반이 한 살 이하 고양이에게서 일어난다는 보고도 있다.* 나이를 먹을수록 이물질 섭취는 감소하는 경향이 있지만 좋아하는 한 가지 물

품을 집요하게 물고 다니는 노령의 고양이도 있으므로 반려묘의
행동을 관찰해 입에 넣기 쉬운 물건은 방치하지 않는다.

* Gary D. Norsworthy(2010) : *The Feline Patient, 4th Edition*

● 암컷보다 수컷에게서 더 많이 일어난다

고양이의 행동이 차분해지는 노년기 초입까지는 수컷이 잘못
된 섭취로 진료를 받는 사례가 많은 편이다(16쪽 참조). 일반적
으로 수컷은 넓은 영역을 확보하려는 습성이 있어 암컷보다 행
동 범위가 넓고 호기심이 왕성하다는 점, 체격이 크고 식사량이
많다는 점, 무는 힘이 세다는 점 등과 관련이 있을 수 있다.

● 겨울철에 다소 는다

개만큼 뚜렷하지는 않지만 고양이의 식욕이 증가하고 크리스
마스부터 연말연시 행사가 잇달아 있는 겨울철에 이물질 섭취
건수가 조금 증가하는 경향이 있다(16쪽 참조). 행사가 있다면
차려 놓은 음식이나 실내 장식을 고양이가 먹을 수 있으며, 사
람도 긴장이 풀리기 때문에 각별히 주의해야 한다.

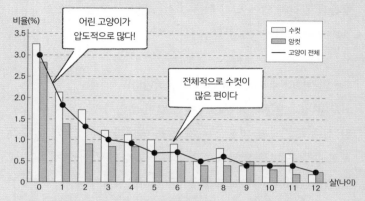

이물질 섭취의 나이·성별 경향

비율(%)

어린 고양이가 압도적으로 많다!

전체적으로 수컷이 많은 편이다

□ 수컷
■ 암컷
— 고양이 전체

살(나이)

* 《애니컴 가정동물백서 2018》, 〈고양이의 이물질 섭취 관련 청구 비율의 연령 추이〉에서
* 2016년도에 애니컴손해보험(주)의 보험에 가입한 고양이(0~12세) 중에서 이물질 섭취 관련 보험 청구가 이루어진 85,717마리의 청구 비율을 연령별로 기록한 것

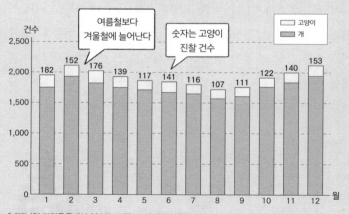

이물질 섭취의 계절적 경향

건수

여름철보다 겨울철에 늘어난다

숫자는 고양이 진찰 건수

□ 고양이
■ 개

월	1	2	3	4	5	6	7	8	9	10	11	12
	182	152	176	139	117	141	116	107	111	122	140	153

* 《애니컴 가정동물백서 2018》, 〈개와 고양이의 이물질 섭취 관련 진찰 건수의 월별 추이〉에서
* 2016년도에 애니컴손해보험(주)의 보험에 가입한 개와 고양이 중에서 이물질 섭취로 청구가 있었 던 22,838건의 월별 진찰 건수를 기록한 것

혹시 '먹었나?' 싶을 때 상황별 대처법

"고양이의 이물질 섭취와 중독 사례를 보면 보호자들은 대부분 고양이가 먹는 현장을 직접 보지 못한다. 고양이가 사료 외에 다른 것을 먹는다고 생각하지 않아 이물질을 섭취했다는 의심조차 하지 않을 때가 많다." (감수 핫토리 원장)

먹는 현장을 직접 보지 못했거나 정말로 먹었는지 판단이 서지 않더라도 보호자가 어떻게 대처하느냐에 따라 반려묘의 생명을 구할 가능성이 높아진다. 아래 체크리스트를 참조해서 이상 증상을 침착하게 관찰하고 상황에 맞게 대처한다.

이물질을 섭취한 고양이가 자주 보이는 이상 증상 체크리스트

- ☐ 연속 또는 간격을 두고 몇 번이나 토한다.
- ☐ 토하려고 하는데 토하지 못한다.
- ☐ 식욕이 없다.
- ☐ 입에 자꾸 신경을 쓴다, 입을 벌렸다가 다물었다가 한다.
- ☐ 침을 흘린다(입을 쩝쩝거릴 때가 많다).
- ☐ 기운이 없거나 가만히 웅크리고 있다.
- ☐ 몸을 떤다.

- 고양이가 이물질을 먹는 모습을 보았다.
- 토사물에 이물질이 섞여 있다.
- 먹고 남은 부스러기가 남아 있다.
- 먹었다고 짐작할 만한 데가 있다.

예
- 고양이가 멋대로 가지고 논 장난감이 너덜너덜해져 있다.
- 쓰레기통에 버린 식품 포장 랩이 뜯겨 있다.
- 보관해 둔 간식이나 사료가 포장지째 뜯겨 있다.
- 끈이나 실, 머리끈, 바늘 같은 물건이 보이지 않는다.
- 천 제품이 너덜너덜하게 해져 있다 등등.

◆ 다음 중 하나라도 해당할 경우

☐ 대량 또는 크거나 긴 물건을 먹었다(먹은 듯하다).

☐ 소량이지만 유독성 물질을 먹었다(먹은 듯하다).

☐ 뾰족한 물건을 먹었다(먹은 듯하다).

☐ 먹고 나서 고양이가 이상 증상(17쪽 체크리스트 참조)을 보였다.

───────→ 몸 상태가 크게 나빠질 우려가 있다.

대처법 : 동물병원에 연락해 상황과 증상을 설명하고 조속히 진료를 받는다. 원인이 되는 물건이 무엇인지 명확하지 않더라도 그것을 밝히는 데 시간을 쏟기보다는 진료를 받는 것이 우선이다.

◆ 위의 체크 항목에 해당하지 않고 기운·식욕도 있을 경우

───────→ 변에 섞여 나올 가능성이 있다.

대처법	만일을 위해 수의사에게 조언을 구하고, 토사물이나 배설물에 섞여 나오지 않는지 잘 관찰한다.

상황 2

- 먹는 장면을 보지 못했고 부스러기도 없지만 고양이가 이상 증상(17쪽 체크리스트 참조)을 보인다.

⟶ 이물질 섭취나 다른 원인으로 상태가 좋지 않을 수 있다.

대처법	진료를 빨리 받는다.

상황 3

- 변에 이물질이 섞여 있다.

◆ 모두 나온(나온 듯한) 경우

⟶ 별문제 없을 것이다.

대처법	만약 이후에 고양이가 이상 증상을 보인다면 진료를 받는다.

◆ 좀처럼 나오지 않은 것이 있는(있는 듯한) 경우

⟶ 체내에 남아 있을 수 있다.

대 처 법	먹은 물건과 양에 따라 긴급성은 다르겠지만 계속 변을 관찰해 일주일 정도 지나도 나올 기미가 없으면 진료를 받는 편이 좋다.

* 일반적인 사례를 소개한 것으로 고양이가 먹은 이물질의 양과 건강 상태에 따라 개별 대처가 필요
   할 수 있다. 주치의의 지시에 따른다.

이물질
섭취 사례

바닥에 깐
조인트 매트를 먹은 스스
(5세, 암컷)

먹는 모습을 보지 못했는데 똥으로 나왔다

스스는 플라스틱이나 비닐을 물어뜯는 버릇이 있는데 '옷이
나 이불 등의 천을 빠는 행동인 울 서킹wool sucking 같은 건가?'
하고 생각했다. 이물질을 물어뜯기는 해도 삼키는 장면은 본
적이 없어서 씹는 데 만족하는 모양이라고 지레짐작했다.
  그러던 어느 날 장을 보고 집에 돌아왔는데 구토 흔적이 여

덟 군데쯤 있었다. 사료를 토한 한 군데를 빼면 모두 거품 같은 위액뿐이었다. 스스는 기운이 없어 보였다. 무엇을 먹었는지도 모른 채 부랴부랴 동물병원으로 갔다.

주사와 링거로 구토제 처치를 했다. 하지만 이미 스트레스가 최대치에 이른 스스가 강하게 거부하는 바람에 검사에 필요한 혈액 채취도 하지 못하고 집으로 돌아와야 했다. 다음 날은 병원 휴무일이라 집에서 혼자 애를 태우다가 다시 병원에 가는 날, 화장실 청소를 하는데 대변에 무언가가 섞여 있었다. 대변을 비닐봉지에 넣고 손으로 조물조물해 내용물을 확인해 보니 크기가 1cm×2cm 정도 되는 파란색 파편이었다. 바닥에 깔아 놓은 조인트 매트였다. 설마 이런 것을 먹었을 줄이야. 그래도 대변으로 나와 한시름 놓았다. 집에 매트가 스무 장 남짓 깔려 있었는데 모두 떼어내 폐기했다.

진료 받기 전 '해서는 안 되는' 것

먹은 것을 토하게 한다

인터넷에는 고양이의 구토를 유발하는 방법이 나와 있는데, 보호자가 안전하게 구토시킬 수 있는 방법은 없다. 토하게 할 시간이 있으면 한시라도 빨리 동물병원으로 달려간다.

다음 방법은 위험한 행위이므로 해서는 안 된다.

소금으로 토하게 한다 인터넷에는 토하게 하는 방법으로 소금을 핥게 하거나 연유에 소금을 녹여 먹이라고 소개됐지만 토하지 못하면 나트륨 과잉 섭취로 고나트륨혈증이 된다. 갈증 외에도 심하면 신경 증상이 나타나며 경련, 혼수상태에 빠질 수 있다.

과산화수소수로 토하게 한다 식도나 위의 점막을 손상시켜 헐게 하는 원인이 된다.

진료 전에 음식물을 먹인다

종종 있는 사례로 보호자가 식욕이 없는 고양이를 걱정해 억지로라도 먹이려고 한다. 그러나 위 속에 음식물이 있으면 그날 중으로 내시경이나 엑스레이, 초음파 같은 검사를 할 수 없으므로 그만큼 진단(발견)과 치료가 늦어진다. 진료를 받기 전까지 아무것도 먹이지 않는 것이 좋다.

엉덩이에 삐져나온 이물질을 당긴다

고양이가 끈 종류를 삼키면 항문에 조금 삐져나온 채로 있을 때가 있다. 손으로 잡아 빼게 되면 창자 내벽을 잡아당겨 조직이 괴사할 우려가 있으므로 그 상태 그대로 진료를 받는 것이 좋다. 삐져나온 부분이 너무 길어 고양이가 신경을 쓴다면 조금 잘라 주는 것은 상관없다. 엘리자베스칼라(넥칼라)가 있으면 씌워 고양이가 핥지 못하게 한다.

진료 받을 때 '하면 좋은' 것

언제, 무엇을, 얼마큼 먹었는지 알린다

먹는 장면을 보지 않는 한 정확히는 알 수 없겠지만 '몇 시까지는 괜찮았다'처럼 알고 있는 정보를 수의사에게 알린다. 고양이가 먹은 이물질이 특정 상품이라면 포장지를 가져가는 것이 성분과 양을 아는 데 도움이 된다. 특히 중독이 의심되는 상황이라면 보호자의 정보가 많을수록 해독제 등으로 빨리 치료할 수 있다.

먹고 남은 부스러기가 있으면 챙긴다

고양이가 물어뜯은 이물질 부스러기나 이물질이 섞인 토사물이 있다면 직접 만지지 말고 고무장갑 등을 이용해 비닐봉지에 담아 동물병원에 가져간다. 부스러기가 없을 때에도 먹었을 가능성이 있는 것과 똑같은 물건이 있다면 챙겨 가는 것이 좋다.

이물질 섭취 시 주요 진단과 치료

* 병증과 중증도, 동물병원 방침에 따라 차이가
  있으므로 주치의의 설명에 따른다.

진단

● 촉진한다

딱딱하거나 큰 물건, 대량으로 먹은 물건이나 음식으로 장이
막히면 피부 바깥쪽을 만졌을 때 멍울처럼 단단한 것이 잡히거
나 고양이가 통증을 느끼고 싫어하는 징후를 보인다.

● 엑스레이 검사나 초음파 검사를 한다

금속이나 뼈 같은 이물질은 엑스레이 촬영을 하면 찍힌다. 그
러나 고양이가 먹기 쉬운 끈이나 실, 고무줄, 실리콘, 플라스틱,
비닐, 꼬치 등은 투과성 이물질이라 엑스레이가 그대로 통과해
확인이 어렵다. 최근에는 초음파 검사의 정밀도가 높아져 엑스
레이로 확인이 어려운 물질을 발견하는 데 유용하다.

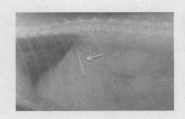

위에 머물러 있는 바늘. 금속은 엑스레이로도 촬영하면 선명히 보인다.

치료

● 구토제를 사용해 토하게 한다

고양이는 구토를 유발해도 잘 토하지 않는다. 따라서 독성이 있는 물질을 먹었거나 이물질이 위에 머물러 있어서 식도를 통해 밖으로 나올 수 있다고 판단되면 링거나 주사로 구토제를 투여한다. 고양이에게는 주로 트라넥삼산tranexamic acid이라는 약을 쓴다. 과산화수소수는 식도나 위가 헐 위험이 있어 최근에는 잘 쓰지 않는다.

● 흡착제·사하제·해독제를 투여해 위세척을 한다

독성이 있는 물질을 먹었을 때에는 체내 독극물을 없애기 위해 다음과 같은 처치를 한다.

위세척 고양이가 의식을 잃었거나 마취된 상태에서 입에 튜브를 넣고 생리식염수나 미온수를 주입해 위를 세척한다. 효과는 비교적 적다고 알려져 있다.

흡착제 활성탄과 물을 섞어 튜브로 위에 투여한다(대부분의 독성에 효과가 있지만 과일과 식물의 씨앗에 들어 있는 사이안화물 cyanide에는 효과가 없다).

사하제(설사 유발약) 지용성 독극물의 경우 베이비오일에도 쓰이는 유동 파라핀을 사용해 장 속 내용물을 배출시킨다. 관장제를 사용해 장을 세척하기도 한다.

해독제 중독의 원인이 되는 성분의 해독제를 투여해 독성이 몸에 흡수되는 것을 막거나 작용을 중화한다.

● 내시경으로 빼낸다

엑스레이나 초음파 검사를 통해 식도나 위에 머물러 있는 이물질을 확인하면 전신마취를 해 내시경으로 빼낸다(십이지장 속의 이물질을 제거하기도 하지만 어려운 작업이다). 내시경을 입 속으로 넣어 식도나 위 속의 이물질을 영상으로 보면서 찾아낸 다음 내시경 끝에 달린 겸자(집게)로 잡아서 빼낸다.

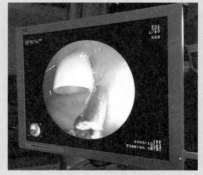

위 속에 남아 있는 이물질.
영상을 보면서 제거한다.

● 개복 수술을 한다

다음과 같은 경우에는 개복 수술을 한다. 특히 장폐색을 일으키거나 끈 또는 실이 엉켜 있을 때는 긴급 처치가 필요하다. 식도는 위장에 비해 수술이 어려워 절개할 수 있는 동물병원이 많지 않다.

- 내시경으로 이물질을 제거하기 어려운(어려웠던) 경우
- 이물질이 장에 도달했는데 배출할 수 없는 경우
- 날카로운 물건이 위장 깊숙이 박혀 꺼낼 수 없거나 천공이 있는(구멍이 뚫린) 경우

반려동물이 이물질을 섭취해 진료를 받을 때
보호자가 많이 하는 말

잠깐 한눈 판 사이에	**92%**
'어?'라고 생각했을 때는 이미 늦어서	**91%**
위험하다고 늘 조심했는데	**63%**

* 〈수의사 172명에게 묻다―이물질 섭취로 내원한 보호자에게 자주 듣는 말〉(애니컴홀딩스(주)가 실시한 2011년 설문조사)에서 상위 순위 발췌

1 고양이가 먹으면 위험한 식품

사람에게는 전혀 문제가 없는 음식과 음료라 해도 함유된 소량의 성분이 고양이 몸에는 독이 될 때가 있다. 사람이 먹는 음식에 일절 관심을 보이지 않는 고양이가 있는가 하면 기어코 먹으려고 달려드는 식탐 많은 고양이도 있다. 고양이는 무엇이 자신에게 독이 되는지 모르므로 보호자가 가까이 하지 못하게 해야 한다.

예방법

● 보호자가 모르고 주는 일이 없도록 중독 위험이 높은 식품과 음료를 미리 알아둔다.
● 식탐 많은 고양이가 멋대로 먹을 수 없도록 고양이의 손에 닿지 않는 곳에 둔다.
● 급여 방법과 양에 따라 몸에 해로운 음식도 있으므로 잘못된 방법으로 주지 않는다. → 50~63쪽 참조

위험도

위험도는 3단계로 나눠 평가했다. 생명에 직결되거나 소량이어도 중독 위험이 있는 것은 위험도 3개  로 표시했다.

초콜릿
다크 초콜릿은 한 조각도 위험!

위험도 😿 😿 ~
다크 초콜릿은 😿 😿 😿

  초콜릿은 반려동물의 섭취 보고 건수가 특히 많은 식품이다. 미국의 동물중독관리센터가 발표한 보고에 따르면 2019년에 있었던 상담의 10.7퍼센트를 초콜릿이 차지했다. 하루에 67건 이상이다. 단맛과 카카오 맛을 좋아하는 개가 초콜릿을 섭취한 사례가 많지만, 고양이가 먹어도 중독을 일으킨다. 고양이가 초콜릿을 먹으면 차분함이 사라지고 흥분 상태가 되며 구토·설사 같은 증상이 나타난다. 심하면 신경이나 심장에 과도한 부담을 주어 죽음에 이를 수 있다.

중독의 주요 원인이 되는 성분은 카카오에 들어 있는 테오브로민theobromine이다. 사람에게는 기분을 좋게 하고 집중력을 높이는 작용을 한다. 하지만 개와 고양이는 테오브로민을 몸 밖으로 배출하는 능력이 낮은 것으로 보인다.

또한 카카오에 있는 카페인caffeine(32쪽 참조) 성분은 중독의 위험도 있다. 테오브로민이나 카페인으로 중독 증상이 나타나는 양은 체중 1kg당 약 20mg이다. 1kg당 40~50mg은 중증화, 60mg은 경련을 일으킨다.* 초콜릿 중량으로 환산하면 카카오 함유량이 높은 다크 초콜릿이 가장 위험하다.

중독 증상이 나타나는 초콜릿 섭취량

- 다크 초콜릿 : 체중 1kg당 ~5g
- 밀크 초콜릿 : 체중 1kg당 10g
- 화이트 초콜릿 : 어지간히 많이 먹지 않는 한 중독되지 않는다.

최근에는 카카오에 든 폴리페놀polyphenol 성분이 큰 관심을 받으며 카카오 함유량이 더욱 높은 다크 초콜릿이 유통되고 있는데 고양이는 한 조각만 먹어도 위험하다. 고양이는 설탕의 단맛을 느끼지 못한다. 밸런타인데이 같은 날에 고양이에게 선물을 한다면 고양이용 음식이 좋다.

* Sharon Gwaltney-Brant(2001): *Chocolate Intoxication* 참조

카페인 음료
커피와 홍차 이외에 일부 음료도 주의

위험도

커피와 홍차에 들어 있는 카페인은 졸음이나 피로를 없애 집중력을 높이는 각성 작용 외에도 호흡 기능과 운동 기능을 높이고 이뇨 작용이 있는 성분이다. 일과 공부에 몰두하려고 마시는 사람도 있다.

적당량을 섭취하면 사람 몸에는 좋은 영향이 있지만, 사람보다 몸집이 작은 고양이가 섭취하면 효과가 지나치게 나타나 구토·설사, 과도한 흥분과 두근거림, 부정맥, 떨림, 경련 같은 증상이 나타날 수 있다. 카페인은 커피와 홍차보다 녹차의 한 종류인 옥로차(찻잎이 나올 무렵 그늘을 만들어 햇빛을 덜 받게 재배해서 만든 차)에 더 많이 들어 있다.

음료 종류별 카페인양

- 옥로차 : 160mg(차 10g을 60℃ 물 60ml에서 2.5분 침출)
- 커피 : 60mg(분말 10g을 뜨거운 물 150ml에서 침출)
- 홍차 : 30mg(차 5g을 뜨거운 물 360ml에서 1.5~4분 침출)
- 전차 : 20mg(차 10g을 뜨거운 물 430ml에서 1분 침출)
- 호지차, 우롱차 : 20mg(차 15g을 뜨거운 물 650ml에서 30초 침출)

*〈日本食品標準成分表2015年版(七訂)〉참조

위 음료 외에도 카페인은 각종 피로 회복 음료나 콜라(커피의 약 6분의 1) 등에 들어 있다.

카페인 섭취에 의한 치사량은 고양이 체중 1kg당 100~200mg이며, 중독 증상은 체중 1kg당 약 20g에서 나타나는 것으로 보인다. 체중 3~4kg인 고양이에게 중독 증상이 나타나려면 커피의 경우 한 잔 분량에 가까운데 그 정도까지 마시는 고양이는 없겠지만, 체중 1kg의 새끼 고양이는 소량이라도 위험하다.

알코올 음료(알코올이 들어간 식품도 포함)
소량에도 급성 알코올중독

    사람도 소주와 맥주, 와인, 위스키, 청주 등 술이 센 사람도 있고 약한 사람도 있다. 사람보다 몸집이 작고 알코올을 분해하지 못하는 고양이는 기본적으로 '술이 아주 약하다'고 볼 수 있다. 일반적으로 고양이는 술을 마시고 얼마 지나지 않아 급성 알코올(에탄올)중독이 된다.

    개체마다 차이가 있고 마시는 속도도 영향을 주기 때문에 얼마큼 마셔야 위험한지는 일률적으로 말하기 힘들다. 한 모금 마셨을 뿐인데 위험한 상태에 이르기도 한다. 알코올 도수가 높은 음료일수록 위험하다.

알코올 도수(용량 %)

- 위스키 : 40.0%
- 소주(연속 증류)[1] : 35.0%
- 일본 청주(보통주)[2] : 15.4%
- 레드와인 : 11.6%
- 화이트와인 : 11.4%
- 발포주[3] : 5.3%
- 맥주(담색) : 4.6%

---

* 〈日本食品標準成分表2015年版(七訂)〉 참조

1) 우리나라에서 흔히 마시는 연속 증류(희석식) 소주의 도수는 16~20퍼센트다. 2) 일본의 청주는 품질에 따라 고급주와 보통주로 분류된다. 3) 맥주와 비슷하지만 맥주보다 맥아 함량이 낮은 주류다._ 옮긴이

고양이가 알코올중독이 되면 구토·설사, 호흡곤란, 떨림 등의 증상이 나타난다. 중증화가 되면 혼수상태에 빠지고 음식물의 기도 흡인이나 질식, 호흡 억제로 사망할 우려가 있다. 호기심에 "먹어 볼래?"라며 고양이에게 주는 행위는 절대로 해서는 안 된다.

또한 사람의 음료를 탐하는 고양이가 있다면 테이블에 놓인 술에서 시선을 떼면 안 된다. 음료뿐 아니라 빵 반죽, 럼주에 절인 건포도가 들어간 케이크 등에도 알코올이 포함돼 있다. → 살균제·소독제의 알코올은 155쪽

장미과 열매의 씨, 덜 익은 과실 <small>(살구, 모과, 비파, 매실, 복숭아, 자두, 버찌 등)</small>

씨와 덜 익은 과실에는 사이안화물이 들어 있다

위험도 🐱🐱 🐱🐱 🐱🐱

　식물의 열매 중에는 바나나, 딸기, 멜론처럼 고양이가 먹어도 문제가 없는 것이 있다(49쪽 포도나 63쪽 중독 물질이 들어 있는 채소와 과실 제외). 보통 당분이 많고 칼로리가 높은 편이라서 굳이 줄 필요는 없지만 반려묘가 좋아하고 알레르기가 없다면 '가끔', '소량'을 정서 교감의 차원에서 주는 정도는 문제가 없다. 다만 살구, 모과, 비파, 매실, 복숭아, 자두, 버찌 등과 같이 장미과에 속하는 열매는 씨와 덜 익은 과실에 주의해야 한다.

큰 씨는 중독 외에도 장이 막힐 위험이 있다

장미과 열매의 씨 속에는 위장에서 분해되면 사이안화수소 hydrogen cyanide를 생성하는 사이안화물의 일종인 아미그달린 amygdalin 등이 들어 있다. 대량으로 먹으면 어지럽거나 휘청거리는 증상이 나타나고 호흡곤란, 심장발작으로 돌연사할 수도 있다. 장미과 열매는 고양이가 선호하는 과일은 아니지만 만약 고양이가 씨까지 많이 먹었다면 수의사와 상담하는 것이 좋다.

사이안화물은 씨뿐 아니라 덜 익은 과실에도 들어 있다. 가령 매실청이나 장아찌를 담그려고 수확·구입한 매실을 고양이가 많이 먹으면 중독의 위험이 있다. 사이안화물은 줄기와 잎에도 들어 있으며, 시들어 가는 과정에서 더 증가하는 듯하다. 버찌의 꼭지도 고양이가 먹지 않도록 주의한다.

크기가 큰 과일 씨는 중독보다 삼켰을 때 장이 막히는 장폐색을 일으킬 위험이 더 크다. 고양이가 놀다가 삼키지 않게 주의한다. 씨는 뚜껑이 달린 쓰레기통에 버린다.

양파, 파(부추, 염교도 포함)

중증 빈혈을 일으키는 성분은 가열해도 사라지지 않는다

위험도 😿 😿 ~

　양파와 파는 사람이 먹으면 전혀 문제가 없다. 하지만 싸이오황산염thiosulfate이 들어 있어 고양이가 섭취하면 혈액 속 적혈구에 하인츠소체(산화한 헤모글로빈이 모여 생긴 덩어리)가 생겨 적혈구가 파괴될 위험이 있다. 그 결과 용혈성 빈혈이나 혈뇨, 나아가 적혈구의 색소가 신장을 파괴해 급성 신부전을 일으킬 수 있으며 최악의 경우 죽음에 이르기도 한다. 초기에는 구토·설사, 호흡곤란, 식욕부진을 보인다. 마늘(43쪽 참조)과 부추, 염교(백합과 여러해살이풀로 흔히 '락교'라 불린다_편집자), 샬

롯Shallot(절임용으로 많이 쓰이며 흔히 미니 양파라고 불린다), 차이브chive(파의 일종으로 양파 향이 난다) 등도 분류상 부추속Allium에 해당돼 같은 위험이 있다. 고양이의 경우 양파를 체중 1kg당 5g을 먹으면 혈액학적 변화를 일으킨다는 보고*가 있으며, 개보다 싸이오황산염의 영향을 더 잘 받는 것으로 보인다.

* R. B. Cope(2005): *Allium species poisoning in dog and cats* 참조

요리 속 파 종류에 주의

파 종류는 냄새가 강한 데다 매운맛도 있어 고양이가 생것 그대로 먹는 일은 많지 않다. 그러나 햄버그스테이크, 스튜, 닭꼬치, 각종 볶음 등 고양이가 좋아할 법한 고기를 사용한 요리는 주의해야 한다. 가열하면 단맛이 강해지는데 독성은 사라지지 않는다. 파 종류를 빼고 주거나 국물만 줘도 진액이 들어 있으면 중독된다. 불고기 양념 등 겉으로 봐서는 알기 어려우나 양파즙이 들어간 식품도 있다. 또한 화분에 심은 실파는 고양이가 캣그라스처럼 먹을 우려가 있으니 마당이나 베란다로 옮긴다.

파 종류의 중독은 증상이 나타나기까지 시간이 걸리는데 보통은 3~4일 후, 먹은 양이 많으면 하루 후에 나타나기도 한다. 증상이 나타나지 않을 때도 있지만 먹은 사실을 알았다면 동물병원에 가서 해독 처치를 받는 것이 좋다.

전복류와 소라의 내장

초봄 전복의 내장은 햇빛 알레르기의 원인이다

위험도

일본 에도시대(1603~1867)에 쓰인 백과사전을 살펴보면 "고양이, 새조개의 창자를 먹으면 귀가 탈락한다(귀를 긁어서 귀 주변의 털이 빠진다는 의미로 해석할 수 있다_편집자)"라고 기록돼 있다.* 어디서 유래했는지는 확실하지 않지만 일본 도호쿠 지방에서도 초봄에 고양이에게 전복 내장을 먹이면 고양이 귀가 떨어진다는 말이 전해 내려온다.

이 같은 속설을 미신이라고 그냥 넘기기 힘든 이유가 지금도 전복류(둥근전복, 말전복, 왕전복, 오분자기 등의 전복과)

의 내장은 고양이에게 먹여서는 안 된다고 알려져 있다. 왜냐하면 해조류의 엽록소가 분해돼 생기는 파이로페오포바이드 A$pyropheophorbide A$가 특히 2~5월에 중장선이라는 소화관에 축적되기 때문이다. 파이로페오포바이드 A는 빛에 반응해 활성산소를 만드는 물질로, 먹고 나서 햇빛에 노출되면 활성산소가 원인이 돼 피부에 염증을 일으킨다. 이러한 질환을 '햇빛 알레르기(광선과민증)'라고 한다. 고양이는 햇빛에 노출되기 쉬워 털이 적은 귀 부분이 빨갛게 부어오르며, 가려움이나 통증 같은 증상이 나타난다. 파이로페오포바이드 A는 소라 내장에도 들어 있는데, 전복보다는 독성이 약하다.

* 和漢三才図会 第47巻 介貝部《和漢三才図会 中之巻》寺島良安編 / 中近堂) 참조

다른 조개도 중독을 일으킬 위험이 있다

다른 조개류는 안전할까? 흔히 먹는 바지락이나 재첩도 많이 섭취하면 비타민 B$_1$ 결핍을 일으키는 티아미네이스thiaminase(46쪽 참조)가 함유돼 있어 좋지 않다. 독성은 가열하면 사라지지만 굳이 먹일 필요는 없다. 조개류의 내장은 종류에 따라 체내 위치와 독성이 다르므로 보호자가 임의로 판단해서는 안 된다. 따라서 주지 않는 것이 안전하다고 할 수 있다.

향신료, 마늘

<u>음식에 숨어 있어 알아채지 못할 수 있다</u>

위험도 🐱🐱 ~

마늘, 육두구는 🐱🐱 🐱🐱

요리를 할 때 음식의 향을 좋게 하고 매운맛이나 풍미를 더하기 위해 향신료를 사용한다. 식물의 씨앗, 열매, 잎을 말리거나 독특한 향이 나는 채소를 갈아서 쓰는 등 향신료는 종류가 다양한데 그중에는 고양이가 먹으면 중독을 일으키는 것이 있다. 가령 햄버그스테이크 같은 고기 요리에서 잡내를 제거할 때 쓰는 너트메그nutmeg(육두구)를 섭취하면 구토나 구강 건조, 동공 확대 또는 수축, 심장박동 수 상승 외에도 걷거나 일어서기가 힘들어질 수 있다.*

또한 고추, 고추냉이, 겨자, 후추처럼 사람이 먹어도 자극적인 향신료와 계피(시나몬)도 양에 따라서는 위장장애로 이어질 수 있다.

* APCC(2020): *When Pumpkin Spice is Not So Nice* 참조

마늘은 파와 마찬가지로 중독 증상이 나타날 수 있다

특히 주의해야 할 것은 부추속(38쪽 참조) 식물인 마늘이다. 사람에게는 식욕 증진과 피로 회복 등 다양한 효능이 있다고 알려져 있지만 고양이는 각종 양념에 넣는 다진 마늘이나 프라이드치킨에 들어가는 마늘 가루를 먹기만 해도 중독 증상이 나타날 수 있다. 그런데 이 독특한 향을 좋아하는지 적극적으로 먹으려고 덤벼드는 고양이도 있다. 고양이에게 사람 음식을 나눠 줄 때는 마늘 진액이 들어갔는지 확인해야 한다.

"진찰했던 고양이 중에는 일본에서 건강기능식품으로 많이 먹는 마늘 난황 영양제를 몇 알 먹었다가 중독된 고양이도 있었다. 다행히 그 고양이는 기운이 없는 정도로 위중한 증상까지 보이지는 않았지만 마늘 성분이 들어간 영양제는 피하는 것이 좋다." (감수 핫토리 원장)

코코아
코코아에는 테오브로민이 많이 들어 있다

위험도 😼😼 ~

퓨어 코코아는 😼😼 😼😼

　추운 계절이면 따뜻한 코코아 한 잔으로 몸을 따뜻하게 녹이게 된다. 그런데 재료가 되는 분말 코코아는 초콜릿과 마찬가지로 카카오가 주원료라 고양이가 마셨다가는 테오브로민(31쪽 참조)이나 카페인(32쪽 참조)에 중독될 우려가 있다.

　뜨거운 물이나 우유에 타 농도를 연하게 하기 때문에 초콜릿만큼 위험하지는 않지만 코코아에 들어 있는 테오브로민과 카페인의 양이 제품마다 다르므로 주의해야 한다. 설탕, 분유 등을 넣어 가공한 밀크 코코아보다 다른 성분이 섞이지 않은 퓨어 코코아가 중독의 위험이 더 높다.

코코아 가루 100g당 테오브로민의 양

- 퓨어 코코아 : 1.7g
- 밀크 코코아(인스턴트 코코아, 조정 코코아) : 0.3g

---

*〈日本食品標準成分表2015年版(七訂)〉참조

이를 기준으로 하여 코코아 한 잔을 만드는 데 퓨어 코코아 가루 5g을 사용한다고 가정하고 테오브로민과 카페인의 함량을 계산해 보면, '테오브로민 85mg(100g당 1.7g) + 카페인 10mg(100g당 0.2g)'으로 총 95mg이다. 체중 1kg당 약 20mg을 섭취했을 때 중독 증상이 나타난다고 보면 체중 3kg인 고양이는 60mg을 섭취, 즉 컵의 3분의 2 정도를 먹으면 위험하다는 계산이 나온다.

한편, 밀크 코코아는 카페인 함량은 미량이지만 우유 맛을 좋아하는 고양이라면 듬뿍 들어 있는 우유 때문에 먹을 수도 있으므로 주의해야 한다.

코코아 가루는 코코아 맛이 나는 과자나 케이크에도 쓰일 수 있다. 음료뿐 아니라 식품에도 주의한다.

오징어·문어·새우·게 날것

비타민 B₁을 파괴하는 효소는 가열하면 사라진다

위험도 😿

마른오징어는 😿😿

　회가 식탁에 올라오면 먹고 싶어 하는 고양이도 있고, 보호자
가 나누어 주고 싶을 수도 있지만, 오징어·문어·새우·게를 날것
으로 주어서는 안 된다.

　이 식품에는 티아미네이스라는 효소가 들어 있어 많이 섭취
하면 비타민 B₁이 결핍될 수 있다. 식욕저하나 구토, 체중 감소
등을 보이며, 심하면 휘청거리며 불안정하게 걷는 등 신경 증상
을 보인다. 고양이가 건강하게 살아가려면 비타민 B₁이 많이 필
요한데, 개와 비교해서도 증상이 더 쉽게 발현되는 경향이 있는

듯하다.

티아미네이스는 특히 오징어 내장에 많이 들어 있어 "고양이가 오징어를 먹으면 허리를 삔다"라는 일본 속설을 꼭 미신이라고만 할 수는 없다. 그렇다고 회를 한 입 먹었다고 바로 증상이 나타나지는 않는다. 하지만 '대량으로' '장기적으로' 먹었을 때에는 문제가 되는 것으로 보인다. 티아미네이스는 열에 약하기 때문에 익혔다면 먹어도 괜찮다.

마른오징어는 체내에서 부피가 커질 수 있어 위험!

오징어와 문어는 소화가 잘 되지 않지만 고양이가 고기를 부드럽게 소화할 수 있는 육식동물이라서 소화기관에 큰 부담이 되지는 않을 것이다. 다만 마른오징어는 딱딱해서 소화하기 어려울 수 있으며, 위 속에서 수분을 머금으면 부피가 10배 이상 커져 토하지도 못하고 위장에 머무를 위험이 있다. 불에 구우면 맛있는 냄새가 나 고양이가 관심을 보일 수 있지만 주지 않는 것이 좋다. → 그 밖의 생선을 줄 때 주의할 점은 51쪽

고양이에게 독성이 있는지는 분명하지 않지만

개에게 위험하니
고양이도 피하는 것이 좋은 음식

아보카도

아보카도의 잎, 열매, 씨앗에 들어 있는 성분인 퍼신persin을 사람 이외의 동물이 섭취하면 구토·설사, 호흡곤란 등을 일으킨다고 알려져 있다. 특히 새와 토끼는 심혈관에 손상을 입어 목숨을 잃을 수도 있으며, 그 외에도 말, 양, 염소에게 중독 보고가 있다. 다만 개와 고양이에 대해서는 얼마큼 섭취하면 어떤 징후가 나타나는지 등 그 독성이 아직 명확히 밝혀지지 않았다. 하지만 고양이가 먹지 않도록 하는 것이 좋다.

자일리톨

자일리톨은 감미료로 활용되는 당알코올의 일종이다. 사람에게는 충치 예방에 효과가 있지만 개에게는 유해하다. 중형견은 자일리톨 껌을 두세 개만 먹어도 혈당치가 떨어지고 간부전을 일으킬 수 있다. 미국의 동물중독관리센터는 2019년 칼럼*에서 "사람, 고양이, 페럿은 자일리톨의 영향을 받지 않는다"라고 발표했지만 굳이 먹일 필요는 없다.

* APCC(2019): *Updated Safety Warning on Xylitol: How to Protect Your Pets* 참조

포도, 건포도

포도와 건포도의 어떤 성분이 유해한지는 불분명하다. 하지만 개가 먹으면 급성 신부전이 나타난다고 알려져 있다. 고양이와 관련된 보고는 찾을 수 없지만 "건포도를 정기적으로 섭취해 신장병에 걸린 고양이를 진찰한 경험이 있다. 하지만 병의 원인이 건포도인지는 판단이 어렵다." (감수 핫토리 원장) 자세한 정보를 알 수 없으므로 현시점에서는 먹이지 않기를 권고한다.

견과류

마카다미아는 개에게 유해하다. 많이 먹으면 (특히 뒷발의) 힘이 빠지고 구토·설사를 일으킨다. 어떤 성분이 독이 되는지 알수 없으므로 고양이에게도 주지 않는 것이 좋다. 한편, 아몬드와 호두 같은 과실, 코코넛의 과육과 밀크는 유지방이 많이 함유돼 있어 많이 급여하면 위장에 부담이 될 수 있다.

* APCC(2015): *Animal Poison Control Alert: Macadamia Nuts are Toxic to Dogs* 참조

사람이 먹는 음식을 줄 때 주의해야 할 점

　고양이의 평소 식사는 반려묘의 나이와 생활 방식에 맞춘 질 좋은 '종합 영양식'인 고양이 사료(건사료, 습사료, 생식 등_편집자)를 주는 것이 기본 전제다. 종합 영양식이란 물과 식사만으로 건강을 유지할 수 있는 주식을 말한다. 종합 영양식을 적정량 급여한다면 굳이 사람 음식을 줄 필요가 없다. 사람 음식이 되레 고양이의 영양 균형을 깨뜨리고 때로는 필요한 영양 흡수를 방해하는 등 악영향을 끼칠 수 있다.

　하지만 "식욕이 떨어졌는데 가다랑어포를 뿌려 주면 먹는다", "특별한 날에는 고양이에게도 회를 조금 주고 싶다" 같은 경우도 있다. 또한 만드는 게 쉽지는 않지만 영양 균형을 고려해 손수 만든 생식, 수제 간식을 선호하는 보호자도 늘고 있다.

　그래서 생선, 고기와 달걀, 유제품, 채소·과일을 주고 싶을 때 주의할 점에 대해 소개한다.

생선

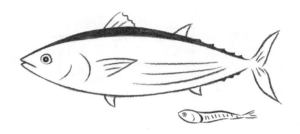

POINT 1

마른 멸치에는 미네랄이 많다

요로결석(53쪽 참조)은 고양이의 대표 질환이다. 예방법으로 미네랄이 많은 가다랑어포나 마른 멸치를 (너무 많이) 주지 말라고 말하는데 가다랑어포와 마른 멸치는 같다고 볼 수 없다. 100g당 표준 성분량을 비교하면 마른 멸치가 가다랑어포보다 식염상당량(일본은 염분의 과다 섭취를 줄이고자 가공식품의 영양 성분 표시에 나트륨양 대신 소금양으로 환산한 식염상당량을 표시하도록 의무화했다_옮긴이)이 훨씬 많은 데다 칼슘도 약 78배(52쪽 표 참조)에 이른다. 마른 멸치는 한때 요로결석에 걸린 적이 있거나 식사를 제한하는 고양이에게는 주지 않는다. 건강한 고양이라도 일주일에 한 마리 정도 주는 것으로 조절한다.

말려서 수분을 뺀 어패류에는 감칠맛과 영양분이 농축돼 있다. 정어리 치어를 소금물에 데쳐 건조한 것도 반건조 상태에서는 나트륨양이 마른 멸치 이상으로 많다. 고양이가 건어물이나

주요 미네랄 및 식염상당량 비교
(100g당 수치)

	나트륨	칼륨	칼슘	마그네슘	인	식염상당량
마른 멸치	1700mg	1200mg	2200mg	230mg	1500mg	4.3g
가다랑어포	130mg	940mg	28mg	70mg	790mg	0.3g
말린 생선을 얇게 저민 포 (포장품)	480mg	810mg	46mg	91mg	680mg	1.2g
정어리 치어를 소금물에 데쳐 건조한 것 (미건조)[1]	1600mg	210mg	210mg	80mg	470mg	4.1g
정어리 치어를 소금물에 데쳐 건조한 것 (반건조)	2600mg	490mg	520mg	130mg	860mg	6.6g
시판 습식 간식의 일례	–	–	–	–	–	약 0.7g
하부 요로 질환 종합 영양식의 일례	–	–	600mg	75mg 이상	500mg	–
신장 질환 처방식의 일례	452mg	904mg	719mg	82mg	411mg	1.14g
요로결석 처방식의 일례	1296mg	996mg	870mg	58mg	870mg	3.29g

* 식품은 〈日本食品標準成分表2015年版(七訂)〉에서 발췌
* 사료의 미네랄양은 포장지와 성분표를 참조(포장지에 기재가 없을 시에는 '–'로 표시)하고 식염상당량은 상기 성분표에 맞춰 나트륨(g)×2.54로 계산
* 간식의 염분은 염도 측정기로 측정
1) 말린 정도에 따라 미건조(수분 함유량 85퍼센트)와 반건조(수분 함유량 50~60퍼센트)로 나뉜다_옮긴이

참치캔 등 염분과 첨가물이 들어 있는 가공식품을 원할 때에는 가급적 소량을 덜어서 주고 사람이 먹어 보고 짜다고 느껴지는 것은 피한다.

가다랑어포는 마른 멸치와 다르다

가다랑어포의 100g당 표준 식염상당량은 0.3~1.2g으로, 일반 고양이용 간식과 비교해 큰 차이가 없다. 수치만 보면 요로결석용 처방식보다도 낮다. 그렇다면 마음대로 주어도 될까? 고양이의 종합 영양식·처방식에는 고양이에게 필요한 미네랄이 이미 충분히 포함돼 있으므로 여기서 더 주면 미네랄 과다가 된다. 고양이의 식욕이 떨어졌을 때 사료에 약간 뿌려 주는 정도가 좋다.

옥살산칼슘으로 인한 요로결석이 증가하고 있다

요로결석은 신장·요관의 '상부 요로'나 방광·요도의 '하부 요로'에 생긴 결석이 조직을 상하게 하는 병이다. 혈뇨(잠재혈액도 있으며 현미경으로 알 수 있을 때도 있다)를 동반하며, 특히 수컷에게서 돌이 요도를 막아 중증이 되는 경향이 있다.

고양이는 주로 마그네슘으로 인한 스트루바이트struvite(인산마그네슘암모늄)와 칼슘으로 인한 옥살산칼슘calcium oxalate의 두 가지 결석이 생긴다.

과거에는 스트루바이트가 주류였지만 최근에는 세계적으로 옥살산칼슘에 의한 사례가 늘어나고 있다. 원인은 아직 정확히 밝혀지지 않았지만 고양이의 식생활 변화가 영향을 주었다고 보는 견해

요로결석에 걸린 고양이의 소변. 자잘한 모래 같은 결정이 다량으로 들어 있어 색이 탁하다. 결정이 모여 돌처럼 굳어진 것이 결석이다.

가 있다. 두 가지 결석을 다 예방하려면 마그네슘과 칼슘 양쪽의 과
잉 섭취를 피해야 한다.

고양이에게 생기는 대표 결석

스트루바이트

일반적으로 둥그스름하다.

옥살산칼슘

뾰족뾰족하게 생겨 고양이가 통증
을 심하게 느낄 수 있다.

POINT 3

생선(특히 등푸른생선)만 주면 황색지방증에 걸릴 수 있다

고양이는 머나먼 선대부터 육지에서 조류나 포유류의 소동물
을 잡아먹으며 살아온 육식동물이다. 그런데 생선을 좋아한다
는 이미지가 꽤 정착돼 있다.

생선은 분명 양질의 단백질원이지만 불포화지방산이 많이 들
어 있다는 점에 주의해야 한다. 불포화지방산이 특히 더 풍부하
게 들어 있는 것이 고등어, 꽁치, 정어리, 전갱이 같은 등푸른생
선이다. 불포화지방산은 혈액 순환을 돕는다고 알려져 있지만
활성산소와 결합해 병의 원인이 되는 과산화지질을 만드는 성
질도 있다. 항산화 작용이 있는 비타민 E를 보충하면 과산화지

질의 생성을 억제할 수 있다. 생선이 주성분인 고양이 사료는 문제가 없다. 하지만 등푸른생선만 먹이면서 비타민 E를 보충해 주지 않는 것은 위험하다. 지방에 염증을 일으켜 변색하는 황색 지방증에 걸릴 우려가 있고, 심하면 죽을 수도 있다. 고양이에게 등푸른생선을 수시로 주는 것은 피해야 한다.

POINT 4

신선한 회 외에는 날생선을 주지 않는다

날생선에는 비타민 B_1을 분해하는 효소인 티아미네이스(46쪽 참조)가 들어 있다. 비타민 B_1은 개보다 고양이에게 더 필요한데 그렇다고 연일 날생선만 주면 비타민 B_1 결핍증을 일으킬 우려가 있다.

또한 날생선(특히 등푸른생선)에는 선충의 일종인 아니사키스 anisakis가 기생할 수 있다. 티아미네이스와 아니사키스는 열을 가해 굽거나 삶으면 파괴되므로 생선은 가열해 먹는 것이 안전하다. 회를 줄 때 상한 것은 구토·설사의 원인이 되므로 반드시 신선한 것을 소량만 준다. 고추냉이 같은 향신료도 자극적이므로 피한다.

고양이에게도 있다!? 시구아테라 식중독

시구아테라ciguatera는 주로 열대 및 아열대 해역의 산호초 주변에 서식하는 어류를 섭취함으로써 일어나는 식중독의 총칭이다. 사람에게는 온도감각이상, 관절통, 근육통, 가려움, 저림 같은 신경증상 외에도 구토·설사, 느린 맥박 등이 나타난다고 알려져 있는데 개와 고양이도 시구아테라 식중독에 걸리기 쉽다는 보고가 있다.

남태평양 쿡제도에서 유일한 동물병원인 EHFEsther Honey Foundation 동물클리닉의 6년간(2011년 3월~2017년 2월) 진료 기록을 조사한 결과 시구아테라 식중독 사례를 총 246건(개 165건, 고양이 81건) 확인했다. 그중 29%가 어류를 섭취한 기록이 있었다. 증상의 특징으로는 운동실조, 마비, 요통이 높은 빈도를 보였으며, 그 외에도 호흡기계와 소화기계가 영향을 받는다는 사실이 밝혀졌다.

* Michelle J. Gray & M. Carolyn Gates(2020): *A descriptive study of ciguatera fish poisoning in Cook Islands dogs and cats*

고기와 달걀

POINT 1

육식동물이지만 고기'만'으로는 영양이 부족하다

고양이는 육식동물이지만 사람처럼 깔끔하게 손질된 소, 닭, 돼지 같은 고기를 먹으며 살아오지 않았다. 쥐나 새처럼 소동물을 잡아 내장과 연골까지 먹으며 영양분을 채웠다.

가령 고양이가 체내에서 합성하지 못해 반드시 먹이를 통해 섭취해야 하는 타우린도 동물의 내장에 많이 들어 있는 성분이어서 고양이에게 내장을 뺀 고기만 급여해서는 필요량을 채울수 없다. 사료 외에 고기를 별도로 챙겨 줄 때에는 고기를 전체양의 4분의 1 이하로 제한하는 것이 좋다.

고양이는 본래 날고기를 먹었지만 대장균이나 살모넬라균 등식중독의 위험을 생각하면 가열해 주는 것이 안전하다. 돼지고기는 기생충인 톡소플라스마 감염 위험이 있으므로 반드시 가열해서 먹인다.

POINT 2

알레르기의 원인이 되기도 한다

곡물 알레르기를 염려해 곡물과 곡류가 들어 있지 않은 그레인프리grain-free 사료를 선택하는 보호자도 많은데 고양이는 곡물뿐 아니라 고기(특히 소고기), 생선 같은 동물성 단백질이 알레르기 유발 항원이 되는 경향이 있다. 특정 고기가 주성분인사료를 먹고 나서 구토·설사, 가려움, 피부염, 탈모 같은 증상이나타나면 반드시 수의사와 상담한다.

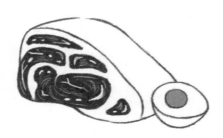

POINT 3

간을 많이 주면 비타민 A 과잉증에 걸릴 수 있다

간은 영양가가 높은 식품이지만 비타민 A가 고농도로 들어 있다. 비타민 A는 물에 잘 녹지 않는 지용성 비타민이라 장기간 계속 급여하면 간에 축적되는데, 고양이에게서는 특히 목에서부터 앞발에 걸쳐 뼈의 이상이나 근육의 통증이 나타날 수 있다. 사람은 간이 빈혈에 좋다고 알려져 일부러 먹기도 하지만, 고양이는 철분 부족으로 빈혈이 생길 일이 거의 없다. 코나 잇몸이 흰빛을 띠는 빈혈 의심 증상을 보이면 생명이 위험할 수 있으므로 재빨리 진료를 받는다.

POINT 4

날달걀의 흰자는 비타민 B 결핍증을 초래한다

다행히 달걀을 좋아하는 고양이는 드물다. 하지만 달걀 흰자에 들어 있는 아비딘avidin은 고양이에게 문제가 된다. 이 성분은 비타민 B 복합체의 하나인 비오틴biotin과 잘 결합해 비오틴 흡수를 방해한다. 다만 노른자에 비오틴이 많으므로 달걀 전체를 준다면 큰 문제없을 것이다.

열을 가하면 아비딘은 활성을 잃어 무해해지고, 살모넬라균이나 대장균이 사라지므로 고양이에게 급여할 때는 익혀서 준다.

유제품

POINT 1

우유는 배탈이 나기 쉽다

만화나 애니메이션을 보면 버려진 고양이나 임시 보호 중인 고양이에게 우유를 주는 장면이 종종 있어 고양이가 우유를 좋아하는 이미지가 있다. 하지만 우유를 먹으면 설사를 하는 고양이도 있다. 고양이에게는 원래 유당을 분해하는 효소인 락타아제lactase가 적어 유제품에 들어 있는 유당을 소화, 흡수하지 못할 수 있다.

생후 2개월 무렵까지 새끼 고양이에게는 고단백·고지방의 고양이용 분유를 먹여야 한다. 고양이를 급하게 구조해 보호하느라 미처 고양이용 분유를 구하지 못했다면 임시방편으로 유당을 제거한 우유를 주면서 단백질과 지방을 보충하는 방법도 있다. "우유에 달걀 노른자를 섞으면 고양이 모유에 가까운 성분이 된다고 알려져 있다." (감수 핫토리 원장)

유제품에 알레르기를 일으키는 고양이도 있다

드물지만 우유나 그 밖의 유제품이 원인이 돼 음식 알레르기를 일으키는 고양이도 있다. 식욕 없는 고양이가 우유에 관심을 보이면 시험 삼아 조금만 주고 몸 상태에 변화가 없는지 먼저 관찰한다. '몇 분 후에 구토', '몇 시간 후에 간지러워하며 긁거나 발진이 나타남', '다음 날에 설사' 같은 증상을 보이면 진료를 받는다. 유제품을 줄 때에는 다음 사항을 주의한다.

- 차가운 것은 피하고 미지근하게 데워 준다.
- 식사와 더불어 줄 때에는 영양과 칼로리가 과다해지지 않도록 한다.
- 성묘나 노령의 고양이를 위한 고양이 우유도 판매되고 있다.

치즈는 지질과 염분의 과잉 섭취에 주의한다

치즈는 우유와 마찬가지로 주로 소의 생유로 만드는데, 우유보다 유당의 양이 적어 그만큼 소화불량을 덜 일으키는 유제품이다. 하지만 일반적으로 우유보다 단백질이 풍부하고 지질, 나트륨, 칼슘 같은 미네랄도 다량으로 들어 있는 종류가 많아 과잉 섭취로 이어지기 쉽다는 단점이 있다. 고양이에게 준다면 생유에서 지방분을 제거한 탈지유를 원료로 하는 코티지치즈나 지질과 염분을 줄인 고양이용 간식 치즈를 소량 급여하는 정도가 좋다.

요구르트도 유당 제로는 아니다

종종 요구르트는 유당을 분해한 것이라 고양이에게 주어도 괜찮다고 하는데, 락토오스lactose(유당)를 제거한 '락토프리'가 아닌 일반 요구르트는 유당이 완전히 분해된 것이 아니다. 아주 소량의 유당이라도 소화하지 못하는 체질의 고양이라면 배탈이 날 수 있다. 유산균이 장내 환경을 좋게 만드는 이점이 있으며 요구르트를 좋아하는 고양이도 많지만 한 번 핥게 하는 정도로 먼저 시험해 보는 것이 좋다. 준다면 당분 과다가 되지 않게 설탕이 없는 플레인 요구르트를 준다.

참고로 요구르트에는 입 냄새를 예방하는 효과가 있다는 견해도 있지만 수의학적으로 증명된 바는 없다. 입 냄새는 치주 질환이나 신장병 같은 질환의 우려도 있으므로 냄새가 난다면 진료를 받는다.

채소·과일

시금치는 결석의 원인이 될 수 있다

시금치 같은 녹색채소에는 옥살산oxalic acid이 많이 들어 있어 고양이에게 생기기 쉬운 옥살산칼슘 결석(53쪽 참조)의 원인이 될 수 있다. 데쳐서 독성을 빼면 옥살산을 줄일 수 있지만 지속적으로 주지 않는 것이 좋다.

알레르기를 잘 일으키는 과일도 있다

사람도 복숭아, 망고, 파인애플 같은 특정 과일에 알레르기 증상이 나타나듯이 고양이도 구토·설사, 가려움, 습진 등을 일으키는 사례가 있다. 처음 먹일 때는 소량을 주어 이상 반응이 없는지 확인한다. 너무 많이 주면 당분을 과잉 섭취하게 되므로 주의한다.

감귤류 껍질에는 에센셜 오일이 들어 있다

많은 고양이가 귤이나 레몬에 관심을 보이다가 이내 얼굴을 찌푸리는 모습만 봐도 고양이는 감귤류의 향을 좋아하지 않는다는 것을 알 수 있다. 그렇기에 먹어 보라고 주는 보호자도 없겠지만 직접 나서서 먹는 고양이도 거의 없다. 감귤류의 껍질에 있는 에센셜 오일에는 D-리모넨D-limonene이라는 성분이 함유돼 있어 동물이 먹으면 가벼운 위장장애를 일으키기도 한다. 껍질째 만든 잼 같은 가공품도 만약을 위해 입에 대지 못하게 한다. D-리모넨은 감귤 향이 나는 세제에도 들어 있다.

중독 위험이 아직 알려지지 않은 것도 있다

파 종류(38쪽 참조)와 가짓과의 덜 익은 열매(81쪽 참조)로 인한 중독은 잘 알려져 있지만 채소와 과일이 고양이에게 어떤 영향을 미치는지 공유되지 않은 실험 사례도 많다. 가령 무화과에는 다음과 같은 지적이 있다.

① 무화과나무속 식물(고무나무 97쪽 참조)은 고양이가 먹으면 위장이나 피부에 염증이 생길 수 있다.

② 식용 부분인 열매에 광 독성 작용이 있는 물질인 푸로쿠마린furocoumarin이 들어 있어 사람에게도 피부에 자극을 주거나 염증을 일으킬 수 있다.

이를 통해 열매는 중독의 우려가 있다고 볼 수 있다. 다음의 채소와 과실도 피하는 것이 좋다.

중독 물질이 들어 있는 채소와 과실

- 포도(전체) → 49쪽 참조
- 살구, 모과, 비파, 매실, 복숭아, 자두, 버찌의 씨와 덜 익은 과실 → 36쪽 참조
- 토란, 마 : 옥살산칼슘이 들어 있어 즙이 피부염을 일으킬 수 있다.
- 파드득나물 : 밝혀지지 않은 알레르기 유발 항원이 함유돼 있어 대량으로 취급할 때 피부염을 일으킬 수 있다.
- 아스파라거스 : 즙이 피부염을 일으킬 수 있다.
- 은행 : 중독의 원인 물질인 메틸피리독신methylpyridoxine이 들어 있다.
- 작두콩 : 씨에 아미노산의 일종인 카나바닌canavanine, 그 외에 콘카나발린 Aconcanavalin A 등이 들어 있다.

2 고양이가 먹으면 위험한 식물

육식동물인 고양이가 식물을 먹으면 식물에 들어 있는 성분(알칼로이드, 배당체, 사포닌 등)을 간에서 해독하지 못하고 중독을 일으킬 수 있다. 식물로 생기는 고양이의 중독 자료는 해외 발표와 문헌을 중심으로 하고 주변에서 흔히 만나는 인기 있는 꽃과 식물의 정보를 골고루 수집해서 보호자가 반려묘를 지키는 데 도움이 될 수 있도록 목록을 만들었다.

예방법

- 식물로 인한 중독 중 절반이 한 살 이하 고양이에게 일어난다고 보고되어 있으며, 개체와 연령에 따라 식물에 흥미를 보이는 정도가 다르다. 고양이가 먹으려고 하는지 잘 살피고 관리한다.
- 독이 있는 부분만 먹이지 않으면 되는 것이 아니라 위험한 식물 자체를 멀리하는 것이 좋다. 꽃가루나 꽃병의 물을 핥기만 해도 중독을 일으킬 수 있으며, 소량으로도 위험한 식물(특히 백합)은 고양이가 관심을 보이지 않는다 해도 집에 들여놓지 않는다.

위험도 😿

식물 중독은 앞으로 더 많이 밝혀지겠지만 현시점에 주어진 정보를 이용해 특히 위험한 것은 위험도 3개 😿😿😿로 했다. 해외 문헌*에서 중독성이 높다고 지적하는 것, 심각한 증상을 보이는 것, 사망 사례가 있는 것, 일상에서 쉽게 접할 수 있는 것 등의 조건을 살펴 종합적으로 판단했다.

* Gary D. Norsworthy(2010): *The Feline Patient, 4th Edition*, p. 402 등

백합 (나리)Lily

독성이 매우 강해 가장 위험한 식물

학명	*Lilium* spp. & cvs.
분류	백합과 백합속

독이 있는 부분
꽃가루까지 포함해 모두

위험도

고양이를 키우는 사람이 실내에 들이지 말아야 할 대표 식물은 백합이다. 수의사 172명을 대상으로 한 개·고양이 설문조사*에서 고양이가 관상용 백합을 먹어 진찰한 경험이 있다고 답한 수의사는 34명이며, 그중 12명이 진찰한 고양이가 사망했다. 진찰과 사망 경험 모두 식물 중에서 백합이 가장 높은 숫자였다.

백합은 교잡을 통해 다양한 품종으로 개량되는 식물이다. 꽃집에서 구입할 수 있는 관상용 외에 일본나리*Lilium speciosum*, 산나리*Lilium auratum* 등 자생하는 것까지 포함해 백합속*Lilium* 식물은 고양이에 대한 독성이 매우 강해 위험하다(우리나라에서 가장 쉽게 만날 수 있는 자생종으로는 참나리*Lilium lancifolium*가 있다_옮긴이).

* 애니컴홀딩스(주)가 수의사를 대상으로 실시한 2011년 설문조사. 잠정 치사율 35퍼센트(사망 경험이 있는 이물질(12)/진찰 경험이 있는 이물질(34)×100)

급성 신부전을 일으켜 죽음에 이를 수 있다

어떤 성분이 독이 되는지는 아직 분명하지 않지만 고양이가 잎을 한두 장 갉아 먹거나 꽃을 먹기만 해도 3시간 이내에 토한다고 알려져 있다. 고양이가 자신의 털을 손질하다 몸에 묻은 꽃가루를 핥거나 꽃을 꽂아 둔 꽃병의 물을 마시기만 해도 중독된다.

그 밖의 증상으로 우울, 식욕부진, 기력 저하, 의식혼미, 다음 다뇨 등이 있다. 피부염이나 췌장염을 일으키기도 한다. 고양이에게는 급성 신부전을 일으킨다고 알려져 있으며, 최악의 경우 죽음에 이른다.

백합과의 원추리속*Hemerocallis*도 백합과 마찬가지로 모든 부분이 고양이에게 급성 신부전을 일으키는 등 아주 해롭다. 어느 부분이든 먹은 사실을 알았다면 응급 상황으로 여겨 즉시 진료를 받는다.

* 이상, APCC: *How to Spot Which Lilies are Dangerous to Cats & Plan Treatments* 참조

튤립 (울금향, 울초, 양수선)Tulip

심장에 손상을 주는 성분을 포함하고 있으며 급성 신부전의 위험이 있다

학명	*Tulipa* spp. & cvs.
분류	백합과 산자고속

독이 있는 부분 모두, 특히 구근

위험도

봄을 대표하는 식물이지만, 고양이에게 가장 위험한 식물인 백합과 같은 과(백합과)다. 심장에 손상을 주는 튤리핀tulipin이라는 유독 성분이 특히 구근 부분에 집중돼 있다. 개가 구근을 대량으로 먹고 먹은 것을 게워 내거나 피를 토했다는 보고*가 있으며, 고양이가 먹어도 위장 염증, 침 흘림, 경련, 심장이상 등을 일으킬 수 있다. 직접 구근을 갉아 먹지 않더라도 꽃을 꽂아 둔 물만 마셔도 고양이를 위험에 빠뜨릴 가능성이 있다.

게다가 튤립에는 튤리팔린tulipalin(A와 B)이라는 알레르기성 물질이 들어 있는데 사람도 오랫동안 접촉하면 피부염이 생긴다. 튤리팔린도 구근에 특히 많다.

* 〈犬ツリピン中毒症の一例〉(日本獣医生命科学大学獣医保健看護学科臨床部門/ペット栄養学会誌、2016)

고양이 사망 사고도 확인되고 있다

위의 성분이 원인이라고 단정할 수는 없지만, 고양이의 신장 기능에 영향을 준 사례가 있다. 2018년 영국에서 튤립을 먹고 급성 신부전으로 죽은 고양이가 언론에 보도됐다. 보호자는 튤립이 꽂힌 꽃병 곁에 앉은 반려묘의 사진을 SNS에 올렸다. 다음 날, 고양이가 다리를 절뚝거리는 모습을 보고 급히 수의사를 찾았지만 사진을 올린 지 하루도 되지 않아 고양이는 사망했다. 보호자는 백합이 고양이에게 해롭다는 사실은 알았지만 튤립의 위험성은 몰랐다며 후회했다.*

튤립의 색채가 선명하여 사진이 잘 나와서인지 고양이 옆에 튤립을 두고 사진을 찍는 경우가 많은데 조심해야 한다. 또한 고양이가 튤립을 만지거나 튤립이 꽂혀 있던 물에 입을 대지 못하게 하는 대책이 필요하다.

* THE SUN: "KILLED BY TULIPS Mum posts 'cute' pic of beloved cat posting next to tulips—only for flowers to kill pet 24 hours later" 등

천남성과 식물Family Araceae

과명	Araceae
분류	천남성과

독이 있는 부분 모두. 다만 일반적으로 옥살산칼슘 결정은 특히 줄기에 집중(잎에 집중된 것도 있음)

스파티필룸
(스파티필름, 스파티필럼)

Peace Lily, Spath

학명	*Spathiphyllum* spp. & cvs.
분류	천남성과 스파티필룸속

필로덴드론

Philodendron

학명	*Philodendron* spp. & cvs.
분류	천남성과 필로덴드론속

* 옥살산칼슘은 특히 잎에 집중

디펜바키아
Dieffenbachia

학명	*Dieffenbachia* spp. & cvs.
분류	천남성과 디펜바키아속

천남성과에는 실내에서 화분에 키우는 인기 있는 관엽식물이 많은데 고양이에게 위험하다. 옥살산칼슘 결정이 들어 있으며, 고양이가 먹으면 입 안 점막을 자극해 염증이 생기고 타는 듯한 통증을 동반하기도 한다. 그 밖의 증상으로 침 흘림, 삼킴 곤란 등이 있다. 심하면 신장기능장애, 중추신경계의 이상 징후 등이 나타난다. 천남성과 식물에 있는 확인되지 않은 효소도 연관이 있는 것으로 보인다. 특히 소개된 세 가지 식물 스파티필룸, 필로덴드론, 디펜바키아는 고양이가 중독을 일으킬 가능성이 높다는 지적이 있다.*

* Gary D. Norsworthy(2010): *The Feline patient, 4th Edition* 등

그 밖의 천남성과 식물

알로카시아
Alocasia

학명	*Alocasia* spp.
분류	천남성과 알로카시아속

아글라오네마
Chinese Evergreen

학명	*Aglaonema* spp. & cvs.
분류	천남성과 아글라오네마속

칼라
Calla Lily

학명	*Zantedeschia* spp.
분류	천남성과 물칼라속

* 옥살산칼슘은 특히 꽃으로 보이는 부분과 잎에 집중

칼라디움(칼라듐)

Caladium

학명	*Caladium bicolor*
분류	천남성과 칼라디움속

싱고니움(싱고늄)

Arrowhead Vine

학명	*Syngonium podophyllum*
분류	천남성과 싱고니움속

스킨답서스
(스킨다프서스, 스킨다비스, 신답서스)

Pothos, Scindapsus

학명	*Epipremnum aureum*
분류	천남성과 에피프렘눔속

몬스테라

Monstera

학명	*Monstera deliciosa*
분류	천남성과 몬스테라속

아이비_(서양송악, 헤데라)Ivy, English Ivy

아이비(서양송악, 헤데라)Ivy, English Ivy

위험도

학명	*Hedera* spp.
분류	두릅나뭇과 송악속
독이 있는 부분	잎, 열매. 잎의 독성이 강함

　원예에서 인기 있는 아이비*Hedera helix*를 필두로 속명인 헤데라라는 이름으로도 유통된다. 헤데린hederin이라는 사포닌(배당체의 일종)과 팔카리놀falcarinol이라는 성분이 자극을 해 구토·설사, 위장염, 피부염, 침 흘림, 입 마름 등을 일으킨다. 흥분이나 호흡곤란이 일어날 수도 있다.

셰플레라(홍콩야자, 우산나무)Schefflera

위험도 😿 😿 😿

학명	*Schefflera* spp.
분류	두릅나뭇과 셰플레라속
독이 있는 부분	잎

  아이비와 같은 두릅나뭇과로 홍콩야자, 무늬홍콩야자(컬러홍콩야자)라고도 불리는 셰플레라 아르보리콜라*Schefflera arboricola*는 관엽식물로 인기다. 옥살산칼슘 결정과 팔카리놀이 들어 있으며 입 안이나 입술, 혀에 타는 듯한 극심한 통증, 염증을 일으킨다. 침 흘림과 구토, 삼킴 곤란도 나타난다.

미나리아재빗과 식물

Family Ranunculaceae

라넌큘러스
Garden Ranunculus

학명	*Ranunculus* spp.
분류	미나리아재빗과 미나리아재비속

　특히 영문명이 버터컵buttercup인 미나리아재비의 원종이 위험하다. 꽃잎이 겹겹이 겹쳐 피는 원예 품종인 라넌큘러스도 전체(특히 어린잎과 줄기, 뿌리)에 자극성이 있는 유성 배당체인 프로토아네모닌protoanemonin이 들어 있다. 입 안에 통증이나 염증을 일으키는 것 외에도 구토·설사, 위장에 염증을 일으킨다. 프로토아네모닌은 꽃이 필 무렵에 농도가 높아진다.

델피니움
Delphinium, Larkspur

학명	*Delphinium* spp. & hybrids
분류	미나리아재빗과 제비고깔속

특히 씨앗과 어린 모종에 알칼로이드인 델피닌delphinin이 들어 있어 신경마비를 일으킨다. 그 밖에도 변비, 급경련통, 침 흘림, 근육 떨림, 쇠약, 경련 등이 있다. 호흡기관 마비, 심부전이 발생할 수 있다.

미나리아재빗과에는 독성이 강한 식물이 많고, 맹독으로 알려진 투구꽃이나 복수초도 미나리아재빗과다. 그 밖에도 미나리아재빗과의 클레마티스, 아네모네, 왜젓가락나물 등을 고양이가 먹지 않게 한다.

콘솔리다 (로켓락스퍼)
Consolida, Rocket Larkspur

학명	*Consolida ajacis*
분류	미나리아재빗과 콘솔리다속

땅 위로 나오는 부분과 씨앗에 알칼로이드인 아자킨ajacine, 아자코닌ajaconine 등이 들어 있으며, 델피니움과 같은 증상을 일으킨다.

헬레보루스
(크리스마스로즈, 렌텐로즈)
Christmas Rose

학명	*Helleborus niger* 등
분류	미나리아재빗과 헬레보루스속

프로토아네모닌 외에 여러 강심 배당체(심근에 작용하여 강심 작용을 보이는 식물 성분_편집자)가 독이 된다. 전체가 독이며, 특히 뿌리가 위험하다. 입 안이나 복부의 통증, 구토·설사 등의 증상이 나타난다. 순환기관에 영향을 주며, 말기 증상으로 부정맥이나 혈압 저하, 심장마비가 나타나기도 한다.

가짓과 식물 Family Solanaceae

 위험도 😿😿😿

과명	Solanaceae
분류	가짓과
독이 있는 부분	모두, 특히 덜 익은 열매, 잎

까마중
Black Nightshade

학명	*Solanum nigrum*
분류	가짓과 가지속

독성분은 솔라닌solanine이다. 은빛까마중silver Nightshade이 독성이 매우 강해 체중의 0.1퍼센트만 섭취해도 증상이 나타난다. 심한 위장장애, 운동실조, 쇠약 등이 나타난다.

브룬펠시아

(부룬펠시아, 브룬펠시아재스민)

Yesterday-Today-Tomorrow

학명	*Brunfelsia* spp.
분류	가짓과 브룬펠시아속

향이 진하고 영문명이 로맨틱하지만 특히 신경계에 독성을 나타내는 물질인 브룬펠사미딘brunfelsamidine이 열매에 들어 있다. 눈이 흔들리는 안구진탕을 일으키거나 몸의 떨림이 급속한 발작으로 이어져 죽음에 이를 수 있다.

가짓과 식물에 들어 있는 콜린에스터레이스cholinesterase 억제 작용을 일으키는 성분으로 인해 구토·설사, 동공 확대, 운동실조, 쇠약 등이 나타난다. 특히 까마중과 브룬펠시아는 중독 위험이 높다는 지적이 있다.*

* Gary D. Norsworthy(2010): *The Feline patient, 4th Edition* 등

그 밖의 가짓과 식물

감자_{Potato}

학명	*Solanum tuberosum*
분류	가짓과 가지속

일반적으로 먹는 부분은 문제가 없다. 그러나 잎이나 새싹, 녹색으로 변색된 껍질 주변에 신경계에 작용하는 솔라닌 등이 들어 있어 사람에게도 중독 보고가 다수 있다. 일본의 분질감자 품종인 남작은 조리하면 잘 부서지지 않는 점질감자보다 유독 성분이 적은 듯하다.

토마토_{Tomato}

학명	*Solanum lycopersicum*
분류	가짓과 가지속

베란다 원예로 인기가 많은데 잎과 줄기, 덜 익은 열매는 솔라닌과 같은 글리코알칼로이드인 토마틴_{tomatine}이 독이 되며 소화기관 이상 증상, 우울, 동공 확대 등이 나타난다.

꽈리 Chinese Lantern

학명	*Physalis alkekengi*
분류	가짓과 땅꽈리속

아직 덜 익어 녹색이 남아 있는 열매나 잎에 솔라닌과 아트로핀atropine이 들어 있다.

천사의나팔(엔젤트럼펫),
다투라(악마의나팔, 독말풀)
Angel's Trumpets,
Datura(Devil's Trumpets)

학명	*Brugmansia* spp., *Datura* spp.
분류	가짓과 천사의나팔속 / 독말풀속

전체에 독이 있으며 히오시아민hyoscyamine 등이 부교감신경을 억제, 중추신경을 흥분시켜 동공을 확대시키거나 흥분, 맥박항진 등을 일으킨다. 다투라는 씨앗에 고농도 독이 있다.

시클라멘 Cyclamen

 위험도

학명	*Cyclamen persicum*
분류	앵초과 시클라멘속
독이 있는 부분	모두, 특히 구근

색채가 풍성하고 선명한 꽃이 매력적이며 특히 크리스마스 시즌에 출하되는 겨울을 대표하는 식물이다. 독이 되는 사포닌인 시클라민cyclamin이 집중돼 있는 부분은 구근이다. 많이 갉아먹으면 심한 구토나 소화기관의 염증, 심장박동 수 이상, 경련을 일으킨다. 최악의 경우 죽을 수도 있다.

은방울꽃 Lily of the Valley

위험도 😿 😿 😿

학명	*Convallaria keiskei*(은방울꽃), *C. majalis*(유럽은방울꽃) 등
분류	백합과 은방울꽃속
독이 있는 부분	모두, 특히 꽃과 뿌리, 뿌리줄기

귀여운 겉모습과 달리 강한 독이 있다. 심장병 치료에도 쓰이는 콘발라톡신convallatoxin 같은 강심 배당체가 들어 있다. 콘발라톡신은 물에 녹기 때문에 꽃병에 담긴 물이라도 입을 대면 위험하다. 증상은 구토·설사(출혈을 동반하기도 한다), 심하면 심장박동 수 저하, 부정맥 등을 보이며 최악의 경우 심부전으로 죽을 수 있다.

진달래류_(진달래, 철쭉, 산철쭉, 영산홍 등)Azalea

 위험도 😿 😿 😿

학명	*Rhododendron* spp. & hybrids
분류	진달랫과 진달래속
독이 있는 부분	모두, 특히 꽃의 꿀과 잎

어제일리어_{azalea}는 진달래속 식물의 총칭이다. 모든 부분, 특히 꽃의 꿀과 잎에 진달랫과 특유의 독성분인 그레이아노톡신_{grayanotoxin}이 들어 있으며 꿀은 3ml/kg, 잎은 체중의 0.2퍼센트를 섭취하면 유해하다고 알려져 있다. 연달아 구토하면서 토사물이 기도로 들어갈 위험이 있으며, 부정맥, 경련, 운동실조, 우울 등을 일으킬 수도 있다. 특히 진달래속 중에서도 홍철쭉, 같은 진달랫과 식물인 마취목이 독초로 유명하다.

남천 <small>(남천촉, 남촉, 남천죽)</small>Nandina

위험도

학명	*Nandina domestica*
분류	매자나뭇과 남천속
독이 있는 부분	모두, 특히 열매, 잎

남천은 울타리용 나무로 흔히 쓰이며 6~7월에 작은 흰 꽃이 핀다. 이후에 둥글고 빨간 열매가 맺히는데 이 열매에 기침사탕 등에 쓰이는 난테닌nantenine이 들어 있다. 고양이가 먹으면 쇠약, 운동장애, 경련, 호흡부전 등을 일으킬 수 있다. 잎도 난디닌nandinine을 함유해 독성이 있다.

콜키쿰 (콜치쿰, 연꽃상사화, 추수선)
Autumn Crocus, Meadow Saffron

학명	*Colchicum autumnale*
분류	백합과 콜키쿰속
독이 있는 부분	모두, 특히 꽃, 구근, 씨앗

   콜히친colchicine이라는 알칼로이드가 독이 돼 세포분열을 저해한다. 사람에게는 통풍 치료약으로 쓰인다. 고양이가 먹었을 때 나타나는 초기 증상으로는 복통, 입과 목이 타는 듯한 통증, 피가 섞인 구토·설사 등이며, 마비, 경련, 호흡곤란도 있다. 심하면 다발성 장기부전을 일으킨다. 사람도 잘못 먹었다가 사망한 사례가 있다.

칼랑코에 _(카랑코에)Kalanchoe

학명	*Kalanchoe* spp.
분류	돌나물과 칼랑코에속
독이 되는 부분	모두, 특히 꽃

    사시사철 주변에서 원예 품종으로 만날 수 있다. 강심 배당체
인 부파디에놀라이드bufadienolide가 구토·설사, 운동실조, 떨림
을 일으키며 돌연사할 위험도 있다. 특히 영문명이 악마의 등뼈
devil's backbone, 멕시칸 모자 식물mexican hat plant 등으로 불리는 천
손초는 독성이 매우 강하다.*

* Gary D. Norsworthy(2010): *The Feline patient, 4th Edition* 등

디기탈리스 Foxglove

학명	*Digitalis purpurea*
분류	질경잇과 디기탈리스속
독이 있는 부분	모두, 특히 꽃, 열매, 새잎

  유럽에서 독초로 유명하다. 디기톡신_{digitoxin} 같은 강심 배당체
가 들어 있어 고양이가 먹으면 구토·설사 후 느린 맥박이나 부
정맥, 심부전을 일으킨다. 사람도 중증으로 악화해 사망하기도
한다. 심부전 치료에 쓰이는 디기탈리스 제제製劑인 디곡신_{digoxin}
은 디기탈리스가 아닌 같은 속의 라나타종꽃(털디기탈리스)에
들어 있다.

소철 Sago Palm, Fern Palm

 위험도

학명	*Cycas revoluta*
분류	소철과 소철속
독이 있는 부분	모두. 특히 씨앗

배당체인 사이카신_{cycasin} 등이 간과 신경에 손상을 주어 구토, 위장염, 황달, 혼수상태를 일으킨다. 치명적인 간기능장애를 일으키기도 하며, 소철을 먹은 동물의 50~75퍼센트에서 사망 사고가 있었다는 보고가 있다.* 독성이 강한 씨앗은 한두 알만 먹어도 목숨이 위태롭다.

* APCC(2015): *Animal Poison Control Alert: Beware of Sago Palms*

협죽도_(유도화)Oleander

협죽도(유도화)Oleander

학명	*Nerium oleander*
분류	협죽도과 협죽도속
독이 있는 부분	모두, 특히 흰 유액, 씨앗, 시든 잎

　배기가스에 강해 일본에서는 가로수나 공원수로 많이 심는데 (한국에서는 협죽도를 가로수로 사용하는 것에 대해 논란이 많다_편 집자), 심장에 손상을 주는 강심 배당체인 올레안드린oleandrin이 들어 있다. 고양이에게는 구토·설사(피가 섞이기도 한다), 부정맥 등이 나타난다. 사람도 사망 사례가 있으며, 성인의 경구 치사량 은 잎 5~15장이다. 고양이는 잎 한 장도 위험하다. 같은 과의 일 일초*Catharanthus roseus*와 플루메리아*Plumeria* spp.도 피해야 한다.

주목 Yew

 위험도 😾 😾 😾

학명	*Taxus* spp.
분류	주목과 주목속
독이 있는 부분	과육 이외 모두

빨간 젤리 모양의 씨껍질은 단맛이 나며 사람은 먹어도 된다. 그러나 속에 든 씨앗에는 강한 독이 있다. 택신taxine이라는 알칼로이드는 심장 기능에 영향을 미쳐 구토 같은 소화기관 증상 외에도 근력 저하나 동공 확대를 일으킨다. 중증이 되면 호흡곤란, 부정맥, 돌연사의 위험이 있다.

피마자(아주까리)Castor Bean

 위험도

학명	*Ricinus communis*
분류	대극과 피마자속
독이 있는 부분	모두, 특히 씨앗

씨앗에서 채취한 피마자 오일은 오래전부터 윤활유와 화장품, 사하제(설사 유발약) 등에 활용됐다. 그런데 중형견이라도 씨앗을 한 알만 섭취해도 사망할 우려가 있을 정도로 독성이 강하다. 당단백질인 리신ricin이 세포를 파괴한다. 고양이에게는 청색증, 경련, 운동실조 외에 신장기능장애가 일어나기도 한다. 섭취하고 징후가 나타나기까지 12~72시간이 걸리는 것으로 보인다(피마자, 참깨, 들깨 등 씨앗에서 기름을 짜고 남은 부산물로 만드는 유박 비료도 조심해야 한다_옮긴이).

나팔꽃 Morning Glory

학명	*Ipomoea nil*
분류	메꽃과 나팔꽃속

위험도

　유치원이나 학교 등 교육 현장에서 많이 키우는데, 특히 씨앗에 설사를 유발하는 성분인 파르비틴pharbitin이 들어 있어 먹으면 구토 등을 일으킨다. 대량으로 섭취했을 때에는 환각을 일으킬 수 있다.

수국 Hydrangea

학명	*Hydrangea macrophylla* 등
분류	수국과 수국속

위험도

　잎, 뿌리, 꽃봉오리에 독이 들어 있으며 먹으면 구토·설사, 위장염 등을 일으킨다. 사이안화물이 원인이라고 알려져 있지만 현재 재검토되고 있다. 사람도 요리에 곁들인 잎을 먹었다가 집단 중독을 일으킨 사례가 있다.

아스파라거스 Asparagus

학명   *Asparagus densiflorus*
           Sprengeri Group 등

분류   백합과 비짜루속

 위험도

재배종인 스프렌게리가 관엽식물로 인기다. 피부에 계속 닿으면 알레르기성 피부염이 나타나며, 열매를 먹으면 구토·설사, 복통을 일으킬 수 있다.

아마릴리스 Amaryllis

학명   *Amaryllis* spp., *Hippeastrum* spp.

분류   수선화과 아마릴리스속

 위험도

석산(꽃무릇)이나 수선화와 마찬가지로 라이코린lycorine 같은 알칼로이드가 구근에 집중돼 있다. 구토·설사, 식욕부진, 복통, 과다호흡, 우울, 떨림 등을 일으킨다.

아이리스
(붓꽃, 꽃창포, 제비붓꽃 등)
Iris

학명	*Iris* spp. & hybrids
분류	붓꽃과 붓꽃속

위험도 😾😾

붓꽃*Iris sanguinea*을 포함한 붓꽃속 식물은 특히 뿌리줄기에 이리게닌irigenin 같은 알칼로이드가 고농도로 들어 있다. 먹으면 침흘림, 구토·설사, 기력 저하 등을 일으킨다.

알로에Aloe

학명	*Aloe arborescens, Aloe vera* 등
분류	백합과 알로에속

위험도 😾 😾

설사를 유발하는 성분이 들어 있으며 구토·설사, 기력 저하 등을 일으킨다. 먹거나 연고 대용으로 쓰는데 미국의 동물중독관리센터는 알로에의 바깥쪽과 안쪽 모두 고양이에게 사용하지 말라고 권고한다.

고무나무 _{Figs}

학명   *Ficus benjamina*(벤자민고무나무),
          F. elastica(인도고무나무) 등

분류   뽕나뭇과 무화과나무속

무화과나무의 사촌뻘인 고무나무가 관엽식물로 인기가 있다. 유액에 피신ficin, 피쿠신ficusin이라는 단백질 분해효소와 광 독성인 푸로쿠마린이 들어 있으며, 위장이나 피부에 염증을 일으킬 수 있다.

분꽃 _{Four o'clock}

학명   *Mirabilis jalapa*

분류   분꽃과 분꽃속

식물 이름의 유래가 되기도 한, 흰 가루가 들어 있는 검은 열매(씨앗)와 뿌리에 트리고넬린trigonelline이라는 알칼로이드가 들어 있다. 먹으면 구토·설사, 신경계 증상을 일으키기도 한다.

카네이션_{Carnation}

학명	*Dianthus caryophyllus*
분류	석죽과 패랭이꽃속

위험도 😿😿

주로 잎에 독이 있는 것으로 보이지만 성분은 밝혀지지 않았다. 가벼운 소화기관 증상이나 피부염을 일으킨다. 어버이날에 부모님께 선물한다면 고양이가 먹지 않게 조심하라는 말도 함께한다. → 카네이션을 대체할 꽃 목록은 106쪽

염자(염좌, 화월, 크라슐라 오바타)
Jade Plant

학명	*Crassula ovata*
분류	돌나물과 대구돌나물속

위험도 😿😿

대체로 구토·설사, 가벼운 위장염 증상을 보인다. 일부 기력 저하나 운동실조, 떨림, 심장박동 수 상승 등도 나타난다. 개보다 고양이가 더 민감한 듯하나 위중한 병세를 보이는 일은 드물다.

도라지 (길경, 고경, 도랒)
Balloon Flower

학명	*Platycodon grandiflorus*
분류	초롱꽃과 도라지속

위험도

　동아시아를 중심으로 널리 분포하는 여러해살이풀이다. 사람
은 뿌리를 캐서 요리나 생약으로 활용한다. 모든 부분에 사포닌
이 들어 있어 고양이는 구토·설사, 용혈을 일으킬 우려가 있다.

국화과 식물
(데이지, 마거리트 등)
Family Asteraceae

과명	Asteraceae(*Chrysanthemum* spp.,
	Argyranthemum frutescens 등)
분류	국화과

위험도

　피부염을 일으킬 수 있는 알란토락톤alantolactone이라는 성분
이 들어 있으며, 유럽과 미국의 다양한 품종에서 고양이에 독성
이 있다는 지적이 나온다. 알란토락톤은 국화과에 다 들어 있으
므로 국화과 식물은 피하는 것이 좋다.

산세비에리아
Mother-in-Law's Tongue

학명	*Sansevieria trifasciata*
분류	백합과 산세비에리아속

위험도 😾😾

실내 공기를 정화하는 효과가 있다고 알려져 인기를 끌었던 관엽식물이다. 사포닌이 들어 있어 고양이가 먹으면 구토·설사를 일으킬 수 있다.

스위트피 Sweet Pea

학명	*Lathyrus* spp.
분류	콩과 연리초속

위험도 😾😾

등(등나무)과 같은 콩과로 독성에 주의해야 하는 식물이다. 모든 부분, 특히 열매와 씨앗에 아미노프로피오나이트릴 aminopropionitrile이 들어 있어 기력 저하, 쇠약, 떨림, 경련 등을 일으킨다.

수선화_{Narcissus}

학명	*Narcissus* spp. & cvs.
분류	수선화과 수선화속

위험도

모든 부분, 특히 구근에 알칼로이드인 라이코린이 들어 있어 구토·설사, 대량 섭취 시 경련이나 부정맥을 일으킨다. 사람도 잎을 부추로, 구근을 양파로 착각해 먹기도 하는데 식중독을 일으킨다.

유럽호랑가시나무
(서양호랑가시나무, 양호랑가시나무)
English Holly

학명	*Ilex aquifolium*
분류	감탕나뭇과 감탕나무속

위험도

감탕나무속*Ilex* 식물에는 독이 있는데 관상용인 유럽호랑가시나무도 그중 하나다. 잎과 열매에 사포닌 외에 독성이 있는 화합물이 들어 있으며 침 흘림과 구토·설사, 식욕부진 등을 일으킨다.

제라늄_{Geranium}

학명	*Pelargonium* spp.
분류	쥐손이풀과 제라늄속

컬러풀한 꽃으로 일 년 내내 사람의 눈을 즐겁게 해 주지만 구토나 식욕부진, 우울, 피부염 등을 일으킬 수 있다. 제라늄속 *Pelargonium* 다른 식물도 마찬가지로 주의해야 한다.

드라세나_{Dracaena}

학명	*Dracaena* spp.
분류	백합과 드라세나속

드라세나는 관엽식물로 50종 정도가 인기가 있다. 전체에 사포닌이 들어 있어 고양이가 먹으면 동공 확대를 일으킨다. 그밖에도 구토(피가 섞이기도 한다), 우울, 식욕부진, 침 흘림 등이 나타난다.

히아신스 (히야신스)
Hyacinth

학명   *Hyacinthus orientalis*

분류   백합과 히아신스속

위험도

   모든 부분에 독성이 있는데, 특히 구근에 수선화와 마찬가지로 알칼로이드인 라이코린이 들어 있다. 극심한 구토나 설사(때로 피가 섞여 있다), 우울, 떨림을 일으킨다.

등 (등나무)
Wisteria

학명   *Wisteria floribunda*

분류   콩과 등속

위험도

   포도송이처럼 조롱조롱 보랏빛 꽃을 피우는 등은 전체, 그중에서도 열매와 씨앗에 위스타린wistarin이라는 배당체가 들어 있어 구토(때로 피가 섞여 있다)·설사, 우울이 나타나는 경우가 있다.

포인세티아 Poinsettia

학명   *Euphorbia pulcherrima*

분류   대극과 대극속

위험도

크리스마스 장식에 쓰이는 식물이다. 먹으면 줄기와 잎의 유액이 입과 위를 자극한다. 때로 구토를 유발한다. 고양이에게 해로운 식물로 알려져 있지만, 과대평가됐다는 지적도 있다.*

* Petra A. Volmer(APCC, 2002): *How dangerous are winter and spring holiday plants to pets?*

유칼립투스 Eucalyptus

학명   *Eucalyptus* spp.

분류   도금양과 유칼립투스속

위험도

관엽식물 외에 아로마로도 인기가 있지만 에센셜 오일의 성분인 유칼립톨eucalyptol이 독이 된다. 증상으로는 구토·설사, 우울, 쇠약 등이 있다.

유카 Yucca

학명　　　*Yucca* spp.

분류　　　백합과 유카속

위험도 😿😿

　관엽식물로, 일본에서는 씩씩한 청년의 모습을 연상시킨다고 하여 '청년나무'라고도 불리는 대왕유카*Yucca elephantipes* 등이 인기가 있다. 고양이가 먹으면 구토를 일으킬 수 있다.

인간에게 중독을 일으키는 식물에 주의한다

여기서는 다루지 않았지만 사람에게 중독을 일으키는 식물이 다수 있다(독미나리, 미치광이풀, 코리아리아, 양귀비 등). 고양이 중독 사고로 보고된 적이 없다고 해도 사람에게 해로운 식물이면 사람보다 몸집이 더 작은 고양이는 섭취하면 안 된다고 생각하고 고양이가 입에 대지 못하게 한다(식품의약품안전처의 식품안전나라 홈페이지 foodsafetykorea.go.kr를 통해 인체에 유해한 식물성 자연독을 비롯한 식품 안전 지식을 확인할 수 있다_옮긴이).

고양이에게 안전한 식물

고양이에게 안전한 식물은 없는지 궁금해진다. 실내 관상용 식물의 중독 관련 정보와 보고는 새롭게 밝혀진 것이 많다. 지금은 독성이 알려지지 않은 식물이라 해도 향후에 중독 사고가 발생한 후에야 비로소 그 독성을 알게 될 수 있다. 그러므로 가장 이상적인 방법은 관엽식물이나 꽃꽂이용 꽃을 집 안에 들이지 않는 것이다.

하지만 떠난 반려묘를 기리며 꽃을 장식하거나 축하와 감사의 의미로 꽃 선물을 받기도 하므로 꽃을 아예 들이지 않기란 쉬운 일이 아니다. 미국의 동물중독관리센터는 반려동물이 있는 집에서 어버이날에 선물할 수 있는 꽃다발로 다음과 같은 식물을 소개했다.

• 장미(*Rosa* sp.) • 거베라(*Gerbera jamesonii*) • 해바라기(*Helianthus* sp.) • 난 (*Cymbidium, Dendrobium, Oncidium, Phalaenopsis* sp.) • 금어초(*Antirrhinum majus*) • 프리지어(*Freesia corymbosa*) • 리모니움(*Limonium* sp.), 스타티스(*Limonium sinuatum*) • 마다가스카르재스민(*Stephanotis* sp.) • 스톡 (*Matthiola incana*) • 왁스플라워(*Chamelaucium* sp.) • 꽃도라지(리시안서스) (*Eustoma grandiflorum*)

* APCC(2020): *Mother's Day Bouquets: What's Safe for Pets?* 참조

이 식물들은 가벼운 위장장애를 일으킬 수 있고, 고양이에게 안전하다기보다는 비교적 영향을 덜 받는 꽃이라 할 수 있다. 중독

위험은 적지만 장미는 가시에 찔릴 위험이 있다. 고양이가 흥미를 보인다면 가까이 하지 않게 대책을 세우는 것이 좋다.

캣닙 등 고양이의 기호품인 식물은 안전한가?

고양이가 좋아하는 캣닙(개박하), 캣그라스, 개다래도 주는 방법과 고양이의 체질에 따라 다르다.

● 캣닙(개박하*Nepeta cataria*)

캣닙에 순해지는 고양이가 있으면 흥분하는 고양이도 있다. 구토·설사를 일으키기도 한다. 미국수의사회의 고양이병원 수의사는 특별 간식으로 2~3주에 한 번 정도 주라고 권고한다.

● 캣그라스

귀리, 밀, 보리 등 고양이가 좋아하는 볏과 식물의 새잎을 말한다. 고양이가 좋아한다면 줘도 문제없지만 한꺼번에 먹으면 소화불량을 일으킬 수 있다. 심하게 집착하는 고양이에게는 잘라서 소량으로 준다.

● 개다래*Actinidia polygama*

캣닙에 반응이 없던 고양이의 75퍼센트가 개다래에는 반응했다는 보고가 있다. 흥분하고 공격 행동이나 호흡곤란으로 이어질 수 있다. 따라서 준다면 미량의 분말을 냄새 맡게 하는 데서부터 시작한다. 말린 열매는 통째로 삼키면 위에서 불어 최악의 경우 장폐색을 일으킨다. 막대기 형태를 먹는 것도 위험하다.

* Sebastiaan Bol et al(2017): *Responsiveness of cats to silver vine, Tatarian honeysuckle, valerian and catnip* / Jon Patch(2012): *AVMA's latest podcast addresses cats' love for Nepeta cataria* 참조

3

고양이가 먹으면 위험한 집 안 물건

이물질 섭취 편

집 안과 밖을 자유롭게 오갔던 고양이는 오늘날 실내에서 사는 게 보편화되면서 대부분의 시간을 실내에서 보낸다. 그에 따라 사람이 가정에서 일상적으로 쓰는 제품들을 고양이가 쉽게 먹을 수 있게 됐다. 편리함을 추구하며 새롭게 등장한 신소재 물건 등 사람의 생활 변화에 맞춰 고양이가 섭취하는 이물질도 바뀌고 있다.

예방법

- 치울 수 있는 물건은 치운다. 고양이가 쉽게 열 수 없는 뚜껑이 있거나 자물쇠가 달린 수납공간에 넣는다.
- 실내에 고양이가 먹기 쉬운 이물질이 떨어져 있지 않은지 자세를 낮춰 '고양이의 시선'으로 확인한다. 고양이가 이물질에 흥미를 보일 기회를 가급적 줄인다.
- 고양이가 이물질을 집요하게 씹거나 핥고 정신없이 먹는다면 수의사나 반려동물 행동전문가와 상담한다.

위험도 🐱

장폐색이나 천공(장기에 구멍이 뚫림)처럼 고양이의 생명을 위협하는 증상을 쉽게 일으키는 이물질을 중심으로 가장 위험한 것을 위험도 3개 🐱🐱🐱로 표시했다. 사고 보고가 많고 고양이가 집착하기 쉬우며 의도치 않게 먹을 수 있는 것 등을 고려해 종합적으로 판단했다.

조인트 매트

먹는 일이 빈번하게 발생!
탄력이 있어 폐색을 일으키기 쉽다

위험도 🐱 🐱 🐱

    작은 정사각형 매트의 가장자리를 연결한 뒤 바닥에 깔아 사용하는 조인트 매트. 실내에서 부상을 방지하고 층간 소음을 흡수하기 때문에 뛰어다니는 어린아이가 있거나 반려동물이 있는 집에서 많이 쓴다. 각종 생활용품을 파는 곳이나 인테리어 가게 등에서 쉽게 구입할 수 있는데, 고양이가 조인트 매트를 먹는 사고가 계속 보고되고 있다. "우리 병원에서도 고양이가 물어뜯다가 삼켜서 개복 수술을 한 사례가 부쩍 늘었다." (감수 핫토리

원장)

위험성이 높은 이유는 탄력성 때문이다. 조인트 매트는 폴리에틸렌이나 코르크와 EVA 수지를 조합한 소재로 돼 있는데 고양이가 삼키면 식도나 창자에 끼어 뱉지도 배설하지도 못해 폐색을 일으킨다. 특히 개개의 작은 매트는 연결하기 쉽도록 가장자리가 요철로 돼 있으며, 이 부분이 고양이가 물어뜯기에 좋은 모양이다. 따라서 매트를 깔았을 때 요철이 바깥쪽에 노출되지 않도록 해야 한다. 그랬는데도 고양이가 매트에 흥미를 보이거나 매트를 씹은 흔적이 있다면 깔지 않는 것이 좋다. 사람의 안전을 위해 필요하다면 고양이가 흥미를 잘 보이지 않을 깔개(예를 들어 타일 카펫, 발수 가공 매트 등)로 바꾸든지 매트 위에 커버를 씌우는 대책을 마련해야 한다.

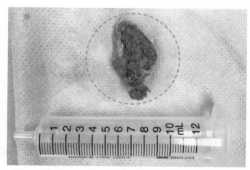

개복 수술로 고양이 장에서 빼낸 조인트 매트 조각. 이것을 먹은 고양이는 구토와 기운 없는 증상을 보였다.

고양이용 장난감

쥐 모양 장난감은 고양이가 잘 먹는 대표 이물질이다

위험도

　호기심이 왕성한 젊은 고양이가 특히 쉽게 먹는 것이 고양이용 장난감이다. 인공 소재로 만든 것도 주의가 필요하지만, 특히 토끼 같은 동물의 털이나 새의 깃털로 만든 장난감은 고양이가 무아지경에 빠지기 쉽다. 작은 쥐 모양 장난감은 고양이가 잘 먹는 대표 이물질이다. 야생 고양이가 소동물을 잡아 먹듯이 순식간에 삼켜 버리므로 장폐색을 일으키는 일이 있다.

　작게 갈기갈기 물어뜯었다면 대변과 함께 배출될 수 있지만 섭취한 양과 소재에 따라 다르다. 장난감의 손잡이 부분인 플라스틱까지 먹어 장이 막힌 고양이도 있는 데다 끈이 장에 있으면 조직이 괴사할 우려가 있어 위험하다. → 끈 종류는 116쪽

　보호자가 놀아 주는 동안 먹지 않는지, 놀고 난 뒤에 소재가 줄어들지 않았는지 관찰하고 먹은 흔적이 있으면 종류를 바꾼다. 고양이가 적극적으로 덤벼들어 먹는 물건이므로 장난감을 가지고 놀지 않을 때에는 치우는 것이 안전하다.

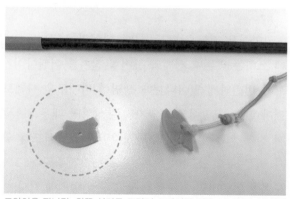

고양이용 장난감. 왼쪽 실리콘 조각이 고양이가 먹은 부분이다. 내시경으로 위에서 빼냈다.

버튼형·동전형 전지

위벽을 녹여 중증화된다

    고양이용 전동 장난감, 시계, 타이머, LED 등 같은 일상용품에 쓰이는 버튼형 전지와 동전형 전지를 어린아이가 삼키는 사고가 빈번하게 일어나는데 생명이 위태로운 사례도 있어 주의해야 한다. 고양이도 마찬가지로 삼키면 매우 위험하다. 전지에서 전기가 흘러나왔다면 단시간일지라도 식도나 위벽 등 전지가 머문 곳의 조직이 녹아 중증으로 진행된다. 고양이가 먹은 사실을 알았다면 지체하지 말고 당장 병원에 간다.

고양이의 섭취 및 중증화를 예방하는 대책
- 전지가 쉽게 빠지는 기구를 바닥에 두지 않는다.
- 전지가 들어가는 부분의 덮개를 확실히 닫거나 나사를 잘 조여 놓는다.
- 전지를 교체할 때에는 고양이가 없는 곳에서 한다.
- 다 쓴 전지는 +극과 −극에 테이프를 붙여 놓는다.

전지 방전의 영향에 관한 실험

각기 다른 네 종류의 버튼형·동전형 전지를 햄 사이에 끼운 후 방전으로 생기는 영향을 실험했다. 끼운 지 5분 만에 햄이 거무스름해지기 시작했고, 특히 리튬전지는 10분 만에 거품이 생기는 강한 화학반응을 보였다. 1시간이 지나자 모든 전지의 +극과 −극에서 탄 듯한 변색이 일어났다.

5분 경과
알칼리 버튼형 전지
산화은 버튼형 전지
망간리튬전지
리튬전지

10분 경과

1시간 경과

끈 모양 물건

쉽게 먹을 수 있고 치사율도 높다

위험도

가늘고 긴 끈 모양의 물건이 장에 걸리면 조직을 괴사시켜 목숨을 잃을 위험이 있다. 끈은 개와 고양이가 가장 많이 먹는 이물질임을 보여 주는 설문조사*도 있으며, 수의사 172명 중 27명이 진찰한 개와 고양이가 죽은 사례가 있다고 답했다.

끈의 형상이나 움직임은 고양이의 수렵 본능을 불러일으킨다. 따라서 반려묘가 흥미를 보이는 끈 모양 물건은 치운다. 소파나 캣타워 등이 해져서 풀린 부분도 방치해서는 안 된다.

* 애니컴홀딩스(주)가 수의사를 대상으로 실시한 2011년 설문조사. 잠정 치사율 18퍼센트(사망 경험이 있는 이물질(27)/진찰 경험이 있는 이물질(150)×100)

특히 주의해야 하는 끈 종류

후드티나 운동복의 끈 '보호자의 관심을 받으며 장난치다가 먹기 쉽다', '굵다', '끈 끝의 매듭 부분이 장에 걸리기 쉽다' 등 위험한 요소가 많다.

비닐끈, 포장용 리본 잘 끊어지지 않아 긴 상태로 장에 도달해 장을 조인다.

햄이나 고기를 묶는 데 쓰는 조리용 실 맛이 배어 있어 순식간에 먹기 쉽다.

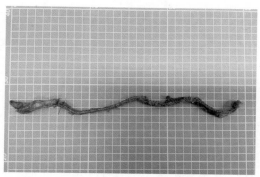

고양이가 삼킨 후드티 끈. 장을 막고 있어 개복하여 빼냈다.

바늘, 압정

바늘에 꿰어 놓은 실이 혀를 휘감아 그대로 꿀꺽

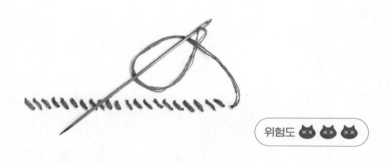

위험도 😿 😿 😿

바늘과 압정은 한 입에 쏙 들어가는 사이즈인 데다 소화가 되지 않고 뾰족한 끝부분이 입 안과 소화기관, 위장을 손상시키는 등 여러 위험이 있다. 사용하지 않을 때에는 반짇고리나 도구함에 보관해 고양이가 멋대로 가지고 놀지 못하게 한다.

특히 다음과 같은 바늘은 고양이가 흥미를 보이기 쉬우므로 가까이 두지 않는다.

특히 주의해야 하는 바늘

바느질용 바늘 '고양이가 바늘이 꿰어 있는 실에 흥미를 보인다' → '입에 물었을 때 실이 혀의 돌기에 걸린다' → '바늘이 입안을 찌르거나 고양이가 바늘을 통째로 삼킨다' 같은 일이 일어난다. 천 마스크를 만들려다가 고양이가 바늘을 삼켰다는 보고도 있다.

낚싯바늘 고양이가 생선 냄새에 이끌려 핥다가 바늘이 혀나 입안에 박힐 수 있다.

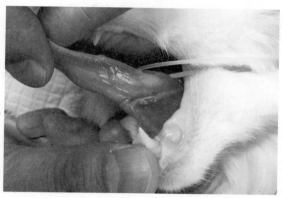

바느질용 바늘을 입으로 물었다가 실이 혀를 파고든 고양이. 바늘은 삼키지 않았지만 전신마취를 한 후 제거했다(바늘을 삼킨 고양이 사진은 25쪽).

작고 동그란 물건 <small>(방울, 구슬, 단추, 동전 등)</small>

지름 1cm 이상의 둥근 물체는 장폐색을 일으키기 쉽다

3세 아이의 입 크기는 최대 약 39mm, 입술에서 목 안쪽까지는 약 51mm다. 이 크기를 통과할 수 있는 물건은 아이들이 입에 넣고 삼킬 위험이 있다. 반면 고양이는 물건이 목에 걸려서 질식 사고가 일어나는 경우가 많지는 않으나 장의 지름을 고려할 때 지름 1cm 이상의 둥근 물건을 삼키면 장폐색을 일으킬 수 있다.

고양이가 먹는 둥근 이물질 중에는 목줄이나 장난감에 달린 방울이 많다. 목줄의 방울은 특별한 목적이나 사정(예를 들어 시

력이 떨어진 고령자가 반려묘가 있는 곳을 알기 위해)이 있는 경우가 아니라면 필요하지 않다. 새끼 고양이 때부터 착용했다면 소리에 익숙해질 수도 있지만, 청각이 뛰어난 고양이에게 항상 옆에서 소리가 울리는 상황은 고양이의 성격에 따라 강한 스트레스가 될 수 있다. 방울이 달린 목줄이라면 채우기 전에 방울은 떼어낸다.

방울이나 구슬처럼 둥근 물체뿐 아니라 단추나 동전처럼 납작한 원형 물체도 주의해야 한다. 어린아이 질식 사고의 원인이 된 물건이라면 고양이에게도 위험할 수 있다고 생각해야 한다.

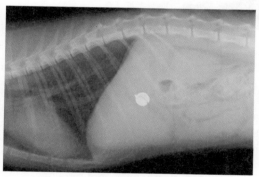

고양이의 위 속에 있는 목줄 방울. 개복하여 빼냈다.

음식을 꿰는 물건 (이쑤시개, 꼬치 등)

소화기관에 손상을 입힐 수 있다

위험도 😿 😿 ~

꼬치전 같은 요리에 쓰이는 이쑤시개, 닭꼬치나 어묵 등을 꿰는 꼬치는 음식에 집착하는 고양이일수록 남아 있는 음식 맛을 노리고 먹을 수 있다. 음식이 꿰인 상태로 덥석 먹는 사례도 있으므로 눈을 떼지 않아야 한다.

이쑤시개와 꼬치 같은 물건은 끝이 뾰족하기 때문에 입 안을 찔러 점막을 손상시키거나 식도와 위장을 상하게 할 수 있다. 다만 "흔히 소화기관에 구멍을 낸다고 하지만 실제로 박혀서 구멍을 낸 경우는 거의 없다." (감수 핫토리 원장) 그렇다고 하더라도 잘게 바스러지지 않고 긴 상태로 있거나 플라스틱으로 된 것은 배설되지 않고 남아 있어 개복수술이 필요할 때도 있다.

뚜껑이 있는 쓰레기통에 버리고 주방 개수대 위에 방치해 두지 않는 등 대책을 강구한다.

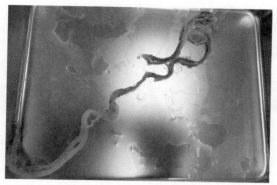

고양이 장에서 개복하여 빼낸 음식물 거름망. 음식물을 제때 치우지 않으면 고양이가 개수대에 설치한 거름망을 다 먹어 버릴 수 있다.

천 제품

사람이 사용했던 물건은
냄새 때문에 쉽게 흥미를 보인다

위험도 😿 😿 ~ 큰 것은 😿 😿 😿

고양이가 스웨터 같은 의류나 이불을 입으로 빨며 갉아 먹는 일이 있다. 이러한 문제 행동은 음식이 아닌 것을 적극적으로 먹는 이식증異食症의 일종으로 '울 서킹'이라고 한다. 태어난 지 얼마 되지 않아 어미 고양이와 떨어져 젖을 너무 일찍 뗀 고양이나 샴 고양이에게 많이 나타난다고 알려져 있다. 그러나 정확한 원인은 아직 밝혀지지 않았다.

고양이가 울 소재 외에 천 제품을 먹는 일이 많은데, 특히 보호자의 피지가 묻어 있거나 냄새가 밴 옷과 천을 좋아한다. 벗어 놓은 양말, 수건, 욕실 매트는 각별히 주의해야 한다. "캐미솔의 어깨끈이나 안경닦이를 통째로 먹어 수술로 꺼낸 사례가 있다." (감수 핫토리 원장)

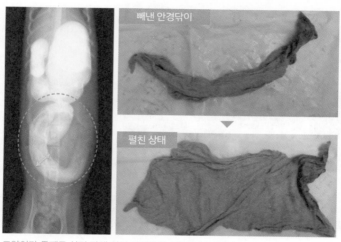

고양이가 통째로 삼켜 장에 있던 안경닦이. 개복하여 빼냈다.

마스크

일상용품이 됐지만 먹었다가는 장폐색이 될 수 있다

위험도 ✖✖ ✖✖ ✖✖

각종 감염증의 확산으로 마스크는 인간이 늘 몸에 착용하는 물건이 됐다. 그에 따라 개와 고양이가 먹는 사고도 잇따라 일어나고 있다. "일본에 코로나19가 퍼져 확진자가 나오고 반년 만에 고양이 장에서 마스크를 꺼내는 개복 수술을 두 차례나 했다. 그중 한 건은 귀에 거는 끈이 돌돌 말려 장을 막고 있었다." (감수 핫토리 원장)

코와 입에 밀착시켜 쓰기 때문에 마스크에 묻은 보호자의 침이나 땀 등의 체취가 고양이의 관심을 끄는 것으로 보인다. 귀에 거는 끈 부분에 흥미를 보이다가 순식간에 삼킬 가능성도 있다. 또한 일회용 부직포 마스크는 혀의 까슬까슬한 돌기에 걸려 고양이가 토하지 못하고 삼켜 버릴 수 있다. 관심을 보이는 고양이가 있다면 마스크를 방치해서는 안 된다.

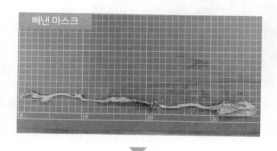

어린이용 부직포 마스크를 통째로 먹어 장폐색이 일어났다. 개복하여 빼냈다. 전체가 가느다란 끈 모양이 됐으며, 귀에 거는 끈에는 매듭까지 생겼다.

머리끈, 고무줄
머리를 묶는 머리끈이나 큰 고무줄이 위험하다

머리끈과 큰 고무줄은 😺😺😺😺

고양이가 먹기 쉬운 대표 일상용품 중에 고무줄이 있다. 사무실이나 주방에서 자주 쓰는 지름 4cm 정도의 일반 크기라면 변에 섞여 나오기도 한다.

특히 주의해야 하는 고무

큰 고무줄 업무용으로 쓰는 튼튼한 큰 고무줄은 소화기관을 따라 이동할수록 서서히 둥글게 뭉쳐져 장을 막을 수 있다.

머리끈 보호자의 머리카락 냄새를 좋아해서인지 적극적으로 먹기도 한다. "긴 머리카락이 엉킨 채 장을 막고 있는 머리끈을 개복 수술로 빼낸 적이 있다." (감수 핫토리 원장)

식품 포장지
특히 소시지 포장지가 많다

햄이나 베이컨의 포장 필름, 고기나 생선을 담은 스티로폼 용기, 마른 멸치나 고양이용 간식 등이 든 비닐 포장지는 고양이가 배어 있는 식품 맛을 좋아해 먹는 일이 잦다. 특히 내용물이 들어 있는 상태에서는 한꺼번에 많은 양을 먹을 수 있으며, 위를 자극해 구토 같은 증상을 일으키거나 장이 막힐 가능성이 있다. 고양이가 열지 못하는 문 안쪽에 보관하고 쓰레기는 뚜껑이 있는 쓰레기통에 버린다.

"진찰해 보면 소시지 포장지가 특히 많다." (감수 핫토리 원장) 신축성이 있는 소재나 옆으로 잘 찢어지지 않는 소재는 물어뜯기 어렵다 보니 고양이가 가늘고 긴 상태 그대로 삼켜 버려 장에 머물러 있는 듯하다. 끝부분을 금속으로 마무리한 형태는 더 위험하다.

비닐봉지

집요하게 핥거나 먹는 고양이는 특히 주의

위험도

    비닐봉지를 만질 때 나는 바스락거리는 소리는 고양이의 호기심을 자극한다. 쥐 같은 소동물이 움직이는 모습을 연상시키는지 덤벼들거나 굴에 숨어 든 사냥감을 잡듯이 안에 들어가 놀면서 물어뜯는 경우도 있다.

    그러한 수렵 본능과는 별개로 집요하게 핥거나 적극적으로 먹으려는 고양이도 있다. 이 행동을 두고 위장을 자극해 헤어볼을 토하려는 것이라는 설도 있지만 정확한 이유는 불명확하다. 먹은 양이 작은 조각 정도라면 변에 섞여 나오겠지만, 많이 먹거나 질기고 튼튼한 비닐봉지를 먹었다면 배출이 잘 되지 않아 구토·설사의 원인이 되거나 장이 막힐 위험이 있다.

실리콘·플라스틱 제품

실리콘을 순식간에 먹어 버리기도 한다

위험도 🐱🐱

　휴대전화 케이스, 비닐랩 대신 쓸 수 있는 덮개, 접이식 조리 기구와 컵 등 최근에는 가볍고 튼튼한 실리콘이 일상생활 제품에 많이 쓰이고 있다. 말랑말랑한 이 소재는 이로 물어뜯을 수 있어 고양이가 순식간에 먹어 버리기도 한다. 귀에 꽂는 이어폰 헤드 부분을 통째로 삼키는 경우도 있다.

　어떤 고양이는 딱딱한 플라스틱 종류도 적극적으로 갉아 먹는다. 실리콘과 플라스틱은 배출이 힘들어 장에 그대로 쌓이기 쉽다. 플라스틱으로 된 고양이용 식기도 있는데 흠집이 나면 그 부분에 세균이 번식하기 쉬우므로 위생을 고려한다면 도자기가 좋다(스테인리스 제품은 겨울에 쉽게 차가워지므로 주의한다).

충전 케이블, 이어폰

가늘고 부드러워 구리선까지 쉽게 물어뜯을 수 있다

위험도 😼😼 ~

충전 중일 때는 😼😼 😼😼

　스마트폰, 태블릿, 보조 배터리, 블루투스 이어폰, 블루투스 키보드 같은 충전식 전자기기가 보급됨에 따라 "충전 케이블을 먹은 고양이를 진찰하는 경우가 잦아졌다." (감수 핫토리 원장) 흔히 쓰는 일반 전기 케이블보다 가늘고 부드러워 고양이가 피복뿐 아니라 안의 구리선까지 물어뜯어 선을 끊어 놓기도 한다. 식감이 비슷한 이어폰 케이블도 각별히 주의해야 한다.

　스마트폰 충전 케이블은 구리선을 씹으면 감전의 위험이 있으므로 전선 보호 케이블을 감아 씹지 못하게 하거나 구리선이 노출되면 바로 교체하는 등 대책을 세운다. → 감전 사고는 166쪽

종이류, 물티슈

잘 찢어지지 않는 종이라면 장폐색을 일으킬 수 있다

위험도 😿 ~

물티슈는 😿 😿

    화장지, 보호자의 노트와 책, 박스 같은 종이 제품은 먹은 양이 많지 않다면 쉽게 배출되므로 크게 걱정하지 않아도 된다.

    다만 물티슈는 잘 찢어지지 않고 고양이 혀의 돌기에 걸리기 쉬워 커다란 상태 그대로 삼키면 장폐색을 일으킬 수 있다.

    최근에는 감염증 대책으로 알코올 성분이 들어 있는 티슈를 쓰는 경우가 많아졌다. 중독 증상을 일으킬 우려도 있으므로 고양이가 먹지 않게 주의해야 한다.

화장실 모래

사료처럼 정신없이 먹는
고양이도 있다

위험도 ✖✖

입자의 크기나 식감이 사료와 비슷해서인지 화장실 모래를 좋아해 먹으려는 고양이도 있다. 먹은 양 등에 따라 장에 축적되기도 하므로 고양이가 먹으려고 한다면 다른 브랜드의 모래로 바꾸는 것이 좋다.

"스트레스나 영양 부족, 기생충 감염, 악성 종양 등도 이러한 이식異食과 관련이 있다고 생각한다." (감수 핫토리 원장)

주의해야 하는 화장실 모래

두부모래 식품 냄새에 끌리는지 먹는 고양이가 많다. "두부모래를 계속 먹은 고양이의 방광에서 규소가 함유된 결석을 적출한 적이 있다. 다만 결석이 두부모래로 인해 생겼다고 단정할 수는 없다." (감수 핫토리 원장)

종이모래 종이가 수분을 흡수하기 때문에 부피가 커져 위장을 막기 쉽다.

장모종
고양이의 털

빗질을 게을리하면
장폐색을 일으킬 수 있다

위험도 😾

고양이 혀의 돌기는 몸 표면을 정갈하게 하는 빗 역할을 하는데 모양이 특이해 자기 몸이나 함께 사는 친한 고양이의 몸을 핥다가 빠진 털을 삼키기 쉽다. 장모종은 삼킨 털의 양이 많으면 위장에 축적되고 단단히 뭉쳐져 토해 내지 못하거나 장폐색을 일으킬 수 있다. 단모종은 기본적으로는 막히지 않지만, 만약 막혔다면 위나 장에 문제가 있는 경우다.

가장 먼저 할 수 있는 예방책은 빗질을 부지런히 해 주어 삼키는 털을 줄이는 것이다. 헤어볼로 고생하는 고양이에게는 수의사의 지도 아래 소화기관에 부담이 덜 되는 처방식을 주거나 헤어볼 관리에 도움이 되는 영양제를 먹이는 방법도 있다.

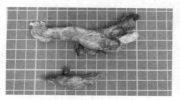

위에서 꺼낸 장모종 고양이의 털

고양이가 먹으면 위험한 집 안 물건

중독 편

사람들이 건강을 위해 먹는 건강기능식품(영양제)이나 의약품은 몸집이 작은 고양이에게는 소량이라도 독이 된다. 그 밖에도 우리가 생활하는 집 안에는 화학물질이 들어 있는 제품이 많다. 감염증의 확산으로 매일 쓰는 소독제, 벌레를 잡을 목적으로 사용하는 해충 퇴치 용품 등이 그 예다. 고양이의 생명에 지장을 줄 정도로 심각한 중독 증상을 일으키는 물건도 있으므로 관리를 잘 해야 한다.

예방법

- 화학물질이 들어 있는 제품은 성분을 미리 조사해 꼭 필요한 필수품 외에 중독 위험이 높은 물건은 집 안에 들이지 않는 것이 좋다.
- 치울 수 있는 물건은 치운다. 중독 우려가 있는 액체는 고양이가 핥지 못하게 하고 발바닥과 몸에도 묻지 않게 한다.
- 쥐약, 살충제 등은 고양이가 절대로 문을 열고 건드릴 수 없는 장소에 둔다.

위험도

고양이의 생명을 위협하는 증상을 일으키는 물건을 중심으로 가장 위험한 것은 위험도 3개  로 표시했다. 사고 보고가 많고 고양이가 집착하기 쉬운 정도 등을 고려해 종합적으로 판정했다.

오래된 보냉제, 부동액

(에틸렌글리콜)

에틸렌글리콜 중독이라면 고양이 사망 위험이 높다

위험도 😿 😿 😿

에틸렌글리콜ethylene glycol은 차량 엔진용 부동액의 주성분으로 쓰이는 원료로 중독된 개·고양이의 잠정 치사율이 가장 높았던 조사 결과*가 있다. 에틸렌글리콜은 간에서 효소의 산화 작용으로 옥살산이 되고 혈액 속 칼슘과 결합해 옥살산칼슘이 만들어진다. 옥살산칼슘 결석으로 급성 신부전을 일으킬 수 있다. 개보다 고양이가 영향을 더 많이 받아 상태가 빠르게 악화된다. 치사량은 체중 1kg당 1.5ml(다른 연구에서는 1ml/kg)**로 아주 소량이라도 생명에 영향을 미친다.

* 애니컬홀딩스(주)가 수의사를 대상으로 실시한 2011년 설문조사. 잠정 치사율 58퍼센트(사
망 경험이 있는 이물질(28)/진찰 경험이 있는 이물질(48)×100)

** Nicola Bates(Feline Focus 1(11)/ISFM): *Ethylene glycol poisoning* 참조

최근에 나오는 보냉제는 안전성이 높다

에틸렌글리콜은 과거에 말랑한 타입의 보냉제에 들어 있었지
만, 최근에는 안전을 위해 사용하지 않는 추세다. 일본에서 보냉
제를 제조하는 7개 회사가 가입한 일본보냉제공업회 회원사에
서는 에틸렌글리콜을 사용하지 않는다.

"일본보냉제공업회의 인증 마크가 찍힌 보냉제는 공업회의
규제규격에 따라 제조된 보냉제로, 안전·안심의 증표다." "내용
물의 주성분인 젤 형태의 물질은 물 98퍼센트 정도와 흡수성 수
지 1퍼센트 정도로 이뤄져 있다. 흡수성 수지란 기저귀나 생리
대에 사용되는 하얀 분말로, 실수로 섭취해 사람 체내에 들어
가도 흡수되지 않고 몸 밖으로 배출된다. 고양이도 상당히 많은
양을 섭취하지 않는다면 안전상 문제는 없을 것이다." (일본보냉
제공업회 담당자)

다만 모든 제품이 안전하다고는 할 수 없다

원료명을 구체적으로 기재하지 않은 제품도 있으므로 유통되
는 모든 제품에서 에틸렌글리콜이 쓰이지 않았다고 단언할 수

는 없다. 보호자가 여러 해 동안 냉동실에 넣어두고 반복해 사용하는 보냉제를 포함해 원료를 알 수 없는 제품은 피하는 것이 상책이다. "10년 전쯤에 경험했던 일이지만, 해외에서 게를 구입했을 때 들어 있던 보냉제에 에틸렌글리콜이 들어 있었다." (감수 핫토리 원장)

프로필렌글리콜도 고양이가 먹지 않게 주의

말랑한 보냉 베개에는 프로필렌글리콜propylene glycol을 사용한 제품이 있다. 프로필렌글리콜은 식품첨가물로도 쓰이는 원료로, 에틸렌글리콜 같은 강한 독성은 없다. 그러나 일본 〈펫푸드안전법〉에 의거한 시행규칙 기준에서는 고양이용 사료에 사용을 금하고 있으며(개용 사료에는 금지되어 있지 않다), 고양이가 먹었을 때 혈구 속 하인츠소체 증가, 적혈구 수 변화 등을 일으킬 위험이 있다. 물어뜯는 버릇이 있는 고양이에게는 말랑한 타입의 보냉제 사용을 피하고, 혹 사용한다면 수건으로 꼼꼼히 감싸는 등 보호자가 대책을 마련해야 한다.

여름철 이동 시 열사병을 우려해 이동장에 넣을 때에도 고양이가 물어뜯거나 고양이 몸이 너무 차가워지지 않게 수건 등으로 싸서 사용하는 것이 좋다.

의약품

의약품에 의한 중독이 많으며
생명에 지장을 줄 수도 있다

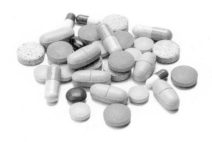

위험도 😿 😿 😿

　동물병원에서 고양이에게 처방하는 약 중에는 사람이 먹는 약과 종류가 같은 것도 있다. 그러나 고양이에게 알맞은 용법과 용량을 지키지 않고 사람 약을 대충 감으로 주었다가는 중독 증상을 일으킬 우려가 있다. 사람에게는 올바르게 사용하면 문제 없는 약도 고양이에게는 유해한 성분이 들어 있을 수 있다.

　각종 보고(142쪽 참조)를 보더라도 반려동물에게 일어나는 중독 사고의 원인에 의약품이 많다는 것을 알 수 있다.

의약품 중독에 따른 주요 보고

▼ 2019년 일본중독정보센터가 동물의 중독으로 문의받은 건수

	일반 시민으로부터	의료기관으로부터	합계
의료용 의약품	34	27	61(15.1%)
일반용 의약품	16	5	22(5.4%)
의약품 합계	50	32	83(20.5%)

(합계는 기타 문의도 포함한 것이다. %는 동물의 중독 문의 전체 404건에 대한 비율)

▼ 2011년 애니컴홀딩스(주)가 수의사 172명을 대상으로 실시한 설문조사 중 '사람 의약품'에 따른 동물의 중독을 진찰한 경험이 있느냐는 질문의 답
- 1회 이상 경험이 있다 … 150명(전체의 87%)
- 섭취가 원인이 돼 죽음에 이른 경험이 있다 … 16명

▼ 2019년 미국의 동물중독관리센터에 접수된 반려동물의 중독 통보 건수 순위
1위 : 시판약(19.7%)
2위 : 사람용 처방약(17.2%)

시판되는 일반 해열제·진통제도 고양이에게는 맹독

중추신경 억제제, 호르몬제, 항균제 등 온갖 종류의 약이 중독의 원인이 된다. 어떤 성분을 얼마나 섭취해야 해가 되는지는 앞으로 새로운 정보가 나올 가능성이 있다. 고양이를 키우는 보호자가 특히 주의해야 할 것은 아세트아미노펜, 이부프로펜 성분이 들어 있는 사람용 해열제·진통제다. 고양이는 한 알만 먹어도 심각한 중독 증상을 일으킨다. 특히 아세트아미노펜은 빈혈이나 혈뇨를 일으키고 섭취 후 18~36시간 내에 목숨을 앗아간다.

처방약은 반드시 수의사의 지시에 따라 사용

미국의 동물중독관리센터에서는 고양이의 중독으로 문제가 되는 약으로 플루오로퀴놀론fluoroquinolone계 항생물질, 항히스타민제인 디펜히드라민diphenhydramine, 항우울제인 아미트립틸린amitriptyline·미르타자핀mirtazapine 등을 들었다. "이 중에서 플루오로퀴놀론계 항생물질은 고양이에게 자주 쓰는 약이다. 사용에는 문제가 없지만 과다 투여하면 실명으로 이어진다. 다묘 가정에서 한 고양이가 처방받은 약을 보호자가 자신이 판단하여 함께 사는 다른 고양이에게 그 약을 사용하면 중독이 될 수 있다. 디펜히드라민이나 아미트립틸린·미르타자핀도 고양이에게 쓰는 약이므로 용법과 용량을 준수한다면 문제는 없다." (감수 핫토리 원장)

* APCC: *Most Common Causes of Toxin Seizures in Cats* 참조

한방약도 보호자가 판단해서는 안 된다

한방약도 중독 위험이 있으며 갈근탕, 센나(콩과 결명자속 식물로 변비 해소에 도움이 된다_옮긴이), 인삼처럼 사람이 자주 먹는 것에 주의가 필요하다. 한방약은 효과가 서서히 나타나므로 고양이가 먹어도 괜찮다고 느낄지 모르나, 어떤 의약품이든 복용량을 지키지 않으면 중독을 일으킨다. 모든 의약품은 수의사의 지시 없이 고양이에게 주지 않는다.

영양제 알파 리포산 (α-리포산)

사망 사례가 있는 맹독 영양제

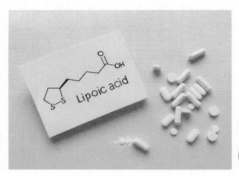

위험도 😺😺 😺😺 😺😺

    사람에게 건강상 이점이 있는 영양제도 고양이에게는 독이 될 가능성이 있다. 대표적인 것이 알파 리포산alpha lipoic acid(흔히 알리포산이라고 불린다_편집자)이다.

    이 성분은 싸이옥트산thioctic acid이라고도 하는 천연 항산화물 질(비타민이 아닌 비타민성 작용물질)로, 소나 돼지의 간·심장·신 장 외에도 시금치, 토마토, 브로콜리 같은 채소에 들어 있다. 알 파 리포산은 미용과 다이어트를 목적으로 하는 사람용 영양제 로 널리 알려져 있으며, 소동물은 사람보다 효과가 강하게 나타난다. 특히 고양이는 개보다 10배 정도 이 성분에 민감성이 높다고 하니 보호자가 반려묘의 건강에 좋을 듯하다고 임의로 판단해서 고양이에게 주는 일은 절대로 해서는 안 된다.

고양이의 체중 1kg당 30mg을 섭취하면 신경이나 간이 손상될 우려가 있다.* 즉 한 알에 알파 리포산 함량이 100mg 이상인 영양제를 체중 3kg인 고양이가 먹었다면 단 한 알로도 위험해진다. 주요 증상으로는 침 흘림, 구토, 운동실조, 떨림, 경련 등이 있다. 일본에서 고양이가 먹고 사망한 사례가 있다.

* A. S. Hill et al(2004): *Lipoic acid is 10 times more toxic in cats than reported in humans, dogs or rats* 참조

향에 이끌려 적극적으로 먹는다

더욱이 알파 리포산 영양제의 위험한 점은 고양이가 적극적으로 먹으려는 경향을 보인다는 것이다. 고양이가 좋아하는 향이 나서인지 자칫 대량으로 먹을 우려가 있다. 반드시 고양이가 건드리지 못하는 곳에 보관해 관리를 철저히 하고 바닥에 떨어뜨리면 방치하지 말고 바로 줍는다.

담배

니코틴 중독 외에도 발암 위험이 높아질 우려가 있다

위험도

고양이가 담배를 삼키면 니코틴 중독을 일으켜 심한 구토, 우울, 심장박동 수 상승, 혈압 저하, 경련, 호흡부전이 나타나고, 심하면 사망에 이른다. 사람도 간접흡연이 악성 종양의 위험인자로 알려져 있는 것처럼 고양이도 간접흡연에 노출되면 편평상피세포암이나 림프종 등의 위험이 높아진다는 보고*가 있다. 연기가 몸에 흡착되면 그루밍을 하는 중에 담배 성분을 핥게 되므로 고양이가 있는 방에서는 담배를 피우지 않아야 한다.

* Elizabeth R. Bertone et al(2002): *Environmental tobacco smoke and risk of malignant lymphoma in pet cats* / Elizabeth R. Bertone et al(2003): *Environmental and lifestyle risk factors for oral squamous cell carcinoma in domestic cats*

전자담배도 주의

미국의 동물중독관리센터에 따르면 미국에서는 반려동물이 니코틴 패치, 니코틴 껌 외에도 전자담배의 니코틴 액상을 먹고 중독을 일으키는 일이 증가하고 있다.

일본에서는 잎이나 가공품을 전기로 가열하는 가열식 전자담배가 주류를 이룬다. 일본중독정보센터의 보고에 따르면 2018년에 전자담배로 상담한 건수가 1,265건이었으며, 이는 일반 담배로 상담한 건수를 웃도는 수치다. 어린아이가 쓰레기통에서 다 쓴 카트리지를 꺼내 먹은 사례가 많았고, 어른도 다 쓴 카트리지를 담갔던 물이나 차를 실수로 마신 사례가 90퍼센트를 차지했다. 간접흡연의 위험은 아직 결론나지 않았지만, 직접 섭취는 고양이에게도 니코틴 중독을 일으킬 우려가 있다. 니코틴을 함유하지 않은 액상형 전자담배도 유통되고 있으나 고양이에게 유해할 수 있는 프로필렌글리콜(140쪽 참조)을 사용한 제품도 있다.

* APCC: *Poisonous Household Products* / 공익재단법인 일본중독정보센터 2018년 요청 보고 참조

쥐약

혈액응고를 저해하는 성분이 들어 있는 상품도 있다

위험도 😿 😿 😿

　도시에서도 쥐의 빠른 번식이 문제가 되어 쥐를 잡을 목적으로 쥐약을 사용하는 가정이 있다. 쥐약에는 주로 혈액응고 작용을 막는 와파린warfarin이나 그와 유사한 성분을 사용하고 있는데 고양이와 어린아이들에게 유해하다. 일본의 대표 쥐약인 데스모어 시리즈를 제조하는 제약회사에 고양이의 중독 위험을 물었다.

　"'강력 데스모어'의 주성분은 와파린이다. 이 약제는 쥐가 수

일간 꾸준히 먹은 뒤에 효과를 발휘하는 유효 성분으로, 고양이가 연속으로 먹지 않는 한 문제가 없으리라고 생각한다. 급성 경구독성 값(중독이 되는 양)은 실험쥐 60mg/kg, 제품으로 환산하면 120g/kg이다. '데스모어 프로'의 주성분은 디페싸이알론 difethialone(2세대 항응고제로 와파린보다 300배의 효과가 있다고 한다_옮긴이)으로 와파린과 같이 혈액응고를 막는 작용을 하지만, 와파린보다 급성 경구독성 값이 낮아 연속으로 먹지 않아도 효과가 나타난다. 이 때문에 와파린이 주성분인 '강력 데스모어'보다 취급에 주의해야 한다. 그러나 이는 모두 일반론이다. 소량을 먹었는데도 심각한 증상을 보였다는 수의사의 연락도 과거에 받은 적이 있기에 고양이가 먹지 않도록 세심한 주의가 필요하다." (제약회사 담당자)

쥐약을 먹은 쥐를 고양이가 먹었다면?

"'강력 데스모어'나 '데스모어 프로'를 먹고 즉사한 쥐를 고양이가 먹었다고 해도 섭취량은 급성 경구독성 값을 밑돌아 2차적 영향은 매우 낮으리라고 생각한다." (제약회사 담당자)

에센셜 오일
디퓨저를 통해 털에 붙음,
개보다 고양이가 더 위험하다

위험도

(식물의 종류와 농도에 따라 다르며 밝혀지지 않은 부분이 많다)

 에센셜 오일(정유)은 식물에 들어 있는 천연 기름이다. 증류를 거쳐 식물에서 추출한 향 성분이 농축된 아로마 오일은 기분을 좋게 하고 마음을 편안하게 하는 등 심신 안정 효과가 있다. 그러나 동물이 먹으면 구토·설사, 중추신경계 증상, 경련, 드물게 간기능장애를 보이며, 흡입했을 때에는 흡인성 폐렴을 일으킨다는 보고가 있다. 육식동물인 고양이는 식물에 대한 간해독 기능이 없어서 사람이나 개보다 더 위험하다.

* APCC: *Trending Now Are Essential Oils Dangerous to Pet?* 참조

그루밍을 하다가 먹다

공기 중에 오일을 방출해 향을 퍼뜨리는 아로마 디퓨저의 인기가 높아짐에 따라 고양이에게 미칠 영향을 우려하는 목소리가 커지고 있다. 호흡기로 들이마시는 것 외에도 고양이의 얇은 피부에 침투하거나 고양이가 털에 묻은 오일을 핥아 섭취할 위험이 있기 때문이다.

독성이 널리 알려진 티트리 오일(152쪽 참조)이나 유칼립투스(104쪽 참조) 오일 외에도 미국의 동물중독관리센터는 레몬그라스, 민트, 그레이프프루트(자몽) 등도 독성이 있다고 지적했다.

한편, 에센셜 오일 중에 고양이가 냄새를 맡으면 죽는다는 정보가 퍼진 종류도 있는데, 어떤 오일이 얼마나 고양이에게 위험한지 인과관계는 대부분 아직 증명되지 않았다. 다만 독성에 관계없이 후각이 뛰어난 고양이에게는 향이 강한 자극이 돼 스트레스로 작용할 수 있다. 종류를 불문하고 고양이가 있는 방에서는 사용하지 않는 것이 좋다. 당연한 말이지만 오일이 1~20퍼센트 함유된 방향 제품이나 샴푸, 물에 몇 방울 떨어뜨린 상태보다 100퍼센트 오일을 먹는 것이 훨씬 위험하니 고양이가 건드리지 못하게 잘 관리해야 한다.

티트리 오일

고양이에게 금기시되는 에센셜 오일

위험도

티트리는 오스트레일리아의 아열대 지역에서 자생하는 도금양과 식물이다. 추출한 에센셜 오일인 티트리 오일은 오스트레일리아 원주민인 애버리지니Aborigine가 약으로 쓴 역사가 있으며 피부 살균·소독과 아로마, 벌레 퇴치 등 광범위하게 활용됐다. 그러나 호주티트리산업연합ATTIA 홈페이지를 보면 고양이에게 절대로 사용해서는 안 된다고 경고하고 있다. 고양이 몸에 묻으면 과호흡이나 운동실조 같은 증상을 일으킬 수 있으며 사망 사고 보고*도 올라와 있다.

벼룩 제거와 살균 효과, 항염증 작용을 기대하며 티트리가 함유된 반려견 샴푸도 판매되고 있는데 고양이에게는 사용하지 않는 것이 좋다. 오일을 섞은 스프레이를 뿌려 감염증을 예방하는 방법이 있으나 고양이가 있는 공간에서는 피해야 한다.

* Nicola Bates(The Veterinary Nurse, 2018): *Tea tree oil exposure in cats and dogs*

일부 개용 구충제(퍼메트린)

퍼메트린이 들어 있으면 중독을 일으킨다

위험도 😿😿😿

피레트로이드pyrethroid계 살충 성분은 일반적으로 포유류 전반에 독성이 낮다고 알려져 있다. 하지만 그 일종인 퍼메트린permethrin은 고양이가 섭취하면 심각한 증상을 유발한다. 주된 원인은 퍼메트린이 고농도로 들어 있는 개용 구충제를 보호자가 고양이에게 사용한 경우다. 오스트레일리아에서 수의사를 대상으로 실시한 조사*를 보면 2년간 일어난 퍼메트린 중독에 따른 고양이의 증례 750건 중 사망이 166건 보고됐다. 시중에 유통되는 일부 개용 구충제에 퍼메트린이 들어 있다. 개용 옴 치료제나 샴푸에도 쓰이는 제품이 있는데 고양이에게는 퍼메트린이 들어 있지 않은 고양이용 제품을 사용해야 한다. → 퍼메트린이 들어 있는 살충제는 157쪽

* Richard Malik et al(2017): *Permethrin Spot-On Intoxication of Cats: Literature Review and Survey of Veterinary Practitioners in Australia*

염소계 표백제 _(하이포염소산소듐)

고양이가 먼저 가까이 다가가기도 한다

위험도 😾 😾 ~ (농도에 따라 다름)

상품명 락스로 알려진 염소계 표백제의 주성분은 알칼리성인 하이포염소산소듐sodium hypochlorite(차아염소산나트륨)이다. 이 염소 냄새를 좋아하는지 어떤 고양이는 먼저 가까이 다가가기도 한다. 원액이 고양이 몸에 묻으면 피부에 염증이 생길 수 있고, 그루밍으로 핥으면 구토·설사, 경련을 일으킬 가능성이 있다. 희석액이라도 농도나 마신 양에 따라 위험할 수 있으므로 수도꼭지에서 떨어지는 물을 마시고 싶어 하거나 주방에 뛰어오르는 고양이가 청소를 위해 만들어 놓은 희석액을 마시지 않도록 주의해야 한다.

코로나19를 비롯한 감염증을 예방하기 위해 바닥이나 고양이용 케이지, 이동장 청소에 표백제를 쓸 때에는 적절한 농도로 묽게 희석한 액(하이포염소산소듐 0.05퍼센트)으로 닦은 후 건조해야 한다. 표백제를 사용할 때에는 창을 열어 실내를 환기한다.

살균제·소독제
에탄올은 완전히 마를 때까지 핥지 못하게 한다

위험도 😺 ~

고양이가 있는 가정에서 살균제·소독제를 사용할 때는 다음 사항에 주의한다.

주요 제품과 대응

에탄올 함유 스프레이나 젤 고양이가 체내에서 분해하지 못하므로 고양이 식기를 살균·소독하는 데는 쓰지 않는다. 사람 피부에 바른 직후에는 고양이가 핥지 못하게 하고 완전히 휘발될 때까지 시간을 둔다.

하이포염소산수hypochlorous acid water(차아염소산수)(154쪽의 하이포염소산소듐과는 다르다) 하이포염소산을 주성분으로 한 산성 용액으로 반려동물의 화장실이나 용품 소독제로 널리 활용되는데 핥는 정도로는 큰 문제가 되지 않는다(각 제품의 첨가물에 따라 다르다). 다만 사람도 소독 효과가 있는 농도의 하이포염소산수를 들이마시는 것은 권장하지 않으므로* 고양이 눈에 들어가거나 고양이에게 먹이는 사용법은 피한다.

* 일본 후생노동성 홈페이지 〈코로나19 소독·제균 방법에 대해〉에서

가정용 살충제

피레트로이드계는 포유류에게는 저독성이다

위험도 😾 ~ (성분에 따라 위험도가 다르다)

　가정용 살충제에는 다양한 성분이 사용되는데 현재는 안전성을 생각해 포유류에 저독성인 피레트로이드계(제충국 꽃에 함유된 천연 성분과 유사한 작용·구조의 화합물) 살충 성분이 가장 많이 쓰이고 있다. 살충제 제품을 제조·판매하는 제약회사에 고양이에 대한 안전성과 주의할 점을 물었다.

　"피레트로이드계 살충 성분은 벌레의 신경계에 작용해 벌레를 죽인다. 그러나 사람이나 개·고양이 같은 포유류는 체내에

분해효소가 있어 약제가 몸에 흡수된다고 해도 땀이나 소변으로 배출된다. 고양이가 있는 가정에서 더욱 안전하게 사용하려면 제품의 용법·용량, 사용상 주의사항을 꼼꼼히 읽기를 권한다. 사람이나 고양이도 체질, 그날의 컨디션에 따라 약제에 과민반응을 보일 수 있다." (제약회사 담당자)

퍼메트린 등 주의가 필요한 성분도 있다

다만 피레트로이드계의 일종인 퍼메트린은 고양이가 핥으면 중독의 위험이 있다(153쪽 참조). 만약 어떤 사정으로 퍼메트린이 들어 있는 살충제를 사용해야 한다면 고양이가 먹지 않도록 철저히 격리한다.

또한 유기인organic phosphorus계와 카바메이트carbamate계 성분에서는 응급 질환을 일으키기도 한다. 침을 흘리거나 구토, 빈뇨(잦은 소변), 경련, 호흡곤란, 혼수상태 등을 보이며 최악의 경우 사망에 이를 수 있다. 급성 증상이 나타나면 동물병원에서 최대한 빨리 처치를 받아야 한다.

가정용 살충제·방충제 사용 시 주의할 점

* 몇몇 제품의 주의할 점을 제조사의 답변과 함께 소개한다.
참고하되, 살충·방충 성분은 제품에 따라 다르므로 구입한
제품의 사용법을 올바르게 지키는 것이 중요하다.

· 훈연 타입의 살충제
완전히 격리한 다음 사용하고 충분히 환기·청소한 후 방에 들어간다

살충 성분을 함유한 연기나 연무를 퍼뜨려 실내의 벌레를 구석구석 박멸하는 훈연 타입의 살충제가 있다. 이 중에는 동물의 목덜미에 바르면 효과가 온몸으로 퍼지는 스폿온spot-on 형태의 약품 등에서 고양이의 중독 사례가 많은 피레트로이드계의 일종인 퍼메트린을 쓰는 제품도 있다. 따라서 고양이가 성분을 직접 먹지 않도록 사용 중에는 실외로 내보내 완전히 격리해야 한다. 사용 전에는 고양이를 잠깐 맡아줄 곳 찾기, 캣타워와 스크래처 등을 비닐로 빈틈없이 씌우기, 이사가 예정돼 있다면 되도록 이사 전에 끝내기 같은 사전 계획을 생각해 둔다. 훈연 타입의 살충제를 고양이가 있는 가정에서 사용할 때 주의할 점을 제조 판매처에 문의했다.

"사용 후에는 충분히 환기를 한 후에 들어가고 청소기 등으로 청소한다. 고양이가 바닥이나 벽을 핥을 수도 있으므로 걸레질을 꼼꼼히 하기를 권장한다. 또한 해충(바퀴벌레 등)의 사체를 고양이가 먹을 수도 있으니 그런 일을 막기 위해서 가장 중요한 것은 청소다."

• 바퀴벌레 퇴치 붕산경단
붕산+양파, 둘 다 고양이에게 위험

벌레 퇴치를 위해서 가정에서도 손쉽게 만들 수 있는 붕산 경단은 주성분인 붕산에 주의해야 한다. 구매가 쉬워서 안전하다고 생각할 수 있으나 성인도 1~3g만으로 중독될 수 있으며, 경구 치사량이 15~20g이다.* 만약 붕산이 50퍼센트 들어간 10~15g의 경단(붕산 약 5~7.5g 함유) 하나를 고양이가 절반 먹었다면 성인 치사량의 6분의 1 이상인 독성분을 섭취한 것이므로 고양이의 생명이 위험하다.

게다가 바퀴벌레를 유인할 때 쓰는 양파(우리나라에서는 붕소 경단에 주로 달걀이나 감자를 넣는 반면, 일본에서는 밀가루와 양파를 사용한다_옮긴이)는 고양이가 중독을 일으키기 쉬운 대표 식재료로 빈혈이나 최악의 경우 급성 신부전을 일으킨다(38쪽 참조). 시판되는 바퀴벌레 유인제(160쪽 참조)와 달리 독성분이 노출돼 있으므로 붕소경단을 둘 장소를 선정할 때 각별히 주의해야 한다.

* 《伴侶動物が出合う中毒》(山根義久監修/チクサン出版社) 참조

• 바퀴벌레 유인제
내용물을 먹은 바퀴벌레에 남아 있는 성분량은 미량이다

플라스틱으로 된 먹이통에 내용물을 짜 넣는 시판 바퀴벌레 유인제는 고양이가 바깥쪽을 깨물어 망가뜨리지 않는 한 대량으로 먹을 일이 없다. 다만 유인제의 내용물을 먹은 바퀴벌레를 먹을 수 있다.

바퀴벌레 유인제를 생산하는 제약회사의 담당자는 "죽은 바퀴벌레의 체내에 남아 있는 유효 성분량은 미량이라 고양이에게 미칠 영향은 적다고 판단된다"고 밝혔다.

• 직접 분사하는 살충제
고양이가 없을 때 사용한다

바퀴벌레나 모기 등에 직접 분사하는 살충제를 사용할 때 주의할 점에 대해 제조사 담당자는 다음과 같이 답변했다. "사용한 양에 따라 다르겠지만 용매(물질을 녹여 용액을 만들 때 쓰는 액체)인 케로신(등유)을 들이마실까 봐 걱정스럽다. 스프레이 직후 흰 기체 상태가 된 약제를 흡입하면 영향을 줄 수 있으므로

약을 뿌릴 때 고양이가 주변에 없는 것이 가장 바람직하다. 사용 후 고양이의 털이나 피부에 약제가 묻지 않도록 고양이가 활동하는 바닥면을 꼼꼼히 닦기를 권장한다."

· **모기향**
가끔씩 환기하고 직접 핥지 않게 한다

플러그를 꽂거나 건전지를 넣어 사용하는 전자 모기향이나 일반 나선형 모기향 등 장시간 사용하는 모기향 제품은 밀폐된 방에서 사용할 때 가끔씩 환기를 하면 고양이가 있더라도 쓸 수 있다고 사용법에 적혀 있다. 하지만 고양이가 제품을 직접 핥았을 때는 어떤지 제조사 담당자에게 문의했다.

"조금 핥는 정도라면 문제없다고 생각한다. 고양이의 체중에 따라 다르겠지만 고양이가 먹거나 핥지 않도록 보호자가 주의를 기울여야 한다."

일반 나선형 모기향은 불이 붙어 있으므로 고양이가 건드리지 못하는 곳에 놓고 사용하는 것이 좋다.

• 방충제
장뇌나 나프탈렌은 독성이 강하다

살충제와 마찬가지로 방충제에도 피레트로이드계가 쓰인다. 그 밖에도 방충제에 쓰이는 몇몇 성분은 중독을 일으킬 수 있다.

방충제의 종류와 증상

장뇌(녹나무 추출물) 섭취 후 수십 분이 지나면 메스꺼움, 구토, 피부 홍조, 중추신경장애, 호흡곤란을 일으킨다.

나프탈렌 메스꺼움, 구토·설사 등을 보이며, 중증의 경우 중추신경장애, 간기능장애를 일으킨다. 섭취 3일 후부터 단백뇨, 혈색소뇨가 나타나고 급성 신부전을 일으킨다.

파라다이클로로벤젠paradichlorobenzene 소화기장애, 두통, 어지럼증을 유발한다.

*《伴侶動物が出合う中毒》(山根義久監修/チクサン出版社) 참조

의류용 방충제는 고양이가 호기심을 보이기 쉬운 크기와 감촉이라 가지고 놀다가 먹을 수 있다. 고양이가 건드리지 않게 잘 관리한다.

• 해충 기피제
주류는 다이에틸톨루아마이드라는 성분

사람 피부에 직접 뿌리거나 바르는 해충 기피제에서 세계
적으로 가장 많이 사용하는 것이 다이에틸톨루아마이드diethyl-
toluamide라는 성분이다. 모기와 진드기 등 많은 해충에 효과가
있으며 피를 빨아먹는 흡혈 행동을 저지한다. 해충 기피제 스
프레이 제품 제조사에 고양이가 해충 기피제를 뿌린 피부를
핥아도 괜찮은지 문의했다.

"주성분인 다이에틸톨루아마이드는 적정한 사용 범위라면 반
려동물에 대한 안전성을 인정받았기에 팔에 도포한 해충 기피
제를 고양이가 조금 핥는 정도는 괜찮다고 생각한다. 또한 반려
동물에게 직접 사용할 때는 더 순하게 작용하는 반려동물용 제
품을 사용하는 것이 좋다."

고양이에게 중독을
일으킬 수 있는 가정용품

- 비누, 샴푸 종류, 세제, 섬유 유연제, 입욕제(특히 아로마 성분이 들어간 제품)
- 향수, 립스틱, 핸드크림, 선크림, 매니큐어, 아세톤
- 크레용, 그림물감, 사인펜, 수정액, 연필, 잉크, 접착제, 풀, 인주, 먹물, 유점토, 스티커 제거제
- 체온계의 수은
- 건조제(실리카겔)
- 라디에이터 세정제, 가솔린, 등유
- 비료, 제초제, 민달팽이·개미 퇴치제 등

　화학제품을 먹었을 때 중독 위험은 제품의 성분과 비율, 고양이의 섭취량과 체중·체질에 따라 다르므로 일률적으로 말하기는 힘들다. 하지만 어떤 것이든 고양이가 먹은 후 행동이나 몸에 이상이 나타나면 바로 진료를 받아야 한다. 기본적으로 '사람이 먹었을 때 문제가 되는 것은 고양이가 먹어서 괜찮을 리 없다'라고 생각하는 것이 좋다.

　향료가 들어 있는 화학제품은 설령 중독 증상이 일어나지 않더라도 향 자체가 후각을 이용해 살아가는 고양이에게 강한 스트레스로 작용할 수 있다.

실내에 숨은 안전사고
추락·감전·화상, 물에 빠지거나
끼거나 밟히는 사고

● 추락 사고

"최근에 10층 이상 높이에서 떨어진 고양이가 목숨을 잃는 사고가 있었다. 흔히 고양이는 높은 곳에서 떨어져도 살 수 있다고 하지만 실제로는 그렇지 않은 경우도 있다." (감수 핫토리 원장)

'고양이는 추락하는 중에 몸을 비틂으로써 속도를 줄여 착지할 수 있다', '어중간한 2~3층보다 더 고층에서 떨어지는 것이 덜 다친다' 같은 이야기가 있다. 1980년대 고층 건물이 늘어나기 시작한 뉴욕에서 고양이가 건물에서 떨어지는 사고가 잇따르면서 고양이 고소추락증후군high-rise syndrome이라는 용어가 생겼고, 떨어져 다친 고양이를 대상으로 조사한 결과*가 이러한 소문을 만든 것으로 보인다. 그러나 갑작스러운 추락에 놀란 고양이가 공중에서 자세를 바로잡는다고 할 수 없으며, 앞서 말한 조사에서도 7층 이상에서는 중증 발생률이 높았다. 외상, 골절, 장기손상 등의 우려가 있으므로 층수에 상관없이 창문이나 베란다를 통해 고양이가 밖으로 나가지 않도록 대책을 마련해야 한다. 특히 추락 사고는 대부분 한 살 미만의 고양이에게서 일어나며 따뜻한 계절에 증가하는 경향이 있다.

놀고 있던 낚싯대 장난감에 정신이 팔렸거나 함께 사는 고양이와 싸움을 하다가 높은 곳에서 발을 헛디뎌 생기는 추락 사고는 실내에서도 일어난다. "열어 놓은 전자레인지 문에 고양이가 올라탔다가 전자레인지와 함께 떨어져 깨진 유리가 피부를 찔러 다친 사고도 있었다." (감수 핫토리 원장)

* W. O. Whitney, C. J. Mehlhaff(1987): *High-rise syndrome in cats* / D. Vnuk et al(2004): *Feline high-rise syndrome: 119 cases(1998-2001)*

● 감전 사고

감전은 체내에 전류가 흘러 상해를 입는 것을 말한다. 전기 케이블을 씹다가 혀나 입의 점막에 국소적으로 화상을 입는 것 외에도 최악의 경우 모세혈관이 손상되어 폐포 안으로 물이 차는 폐부종이 발생해 죽는 사례도 있다. 새끼 고양이나 물어뜯는 버릇이 있는 고양이가 있는 집에서는 바닥이나 벽을 따라 케이블을 고정하거나 전선 보호 케이블을 감아 전선 노출을 줄이는 대책이 필요하다.

● 화상

조리 후 열이 남은 전기레인지에 고양이가 뛰어올랐다가 화상을 입는 사고 보고가 증가하고 있다. 고양이를 주방에 들이지 않거나 전기레인지를 사용한 후에는 덮개를 씌우는 것이 좋다. 또한 고양이가 전기장판 위에 장시간 있으면 저온화상으로 피부가 손상되기도 한다. 열에 둔감해지고 자는 시간이 긴 노령의 고양이는 특히 주의해야 한다. 가장 낮은 온도로 설정하기, 두꺼운 천 깔아 두기, 스위치를 중간에 한 번 끄기 같은 대책을 마련한다.

● 물에 빠지는 사고

물에 빠져서 기도에 물이 들어가면 기도가 막혀 호흡곤란을 겪는다. 목욕하고 남은 따뜻한 물을 재활용하기 위해 욕조에 남겨 두었다면 덮개를 덮어 두고 고양이가 욕실에 멋대로 들어가지 못하도록 문을 꼭 닫아 불상사를 막는다.

● 끼거나 밟히는 사고

고양이의 발과 꼬리는 문에 끼거나 밟히면 피부가 벗겨지고 골절될 수 있다. 창문을 열었을 때 불어닥치는 강풍이나, 환기 팬을 돌렸을 때 그 압력으로 손쉽게 닫히는 문에는 고정 장치인 도어 스토퍼door stopper를 설치하는 등 고양이가 끼지 않게 대책을 마련한다.

참고문헌

The Feline patient, 4th Edition(Gary D. Norsworthy/Blackwell Publishing, 2010)

Companion animal exposures to potentially poisonous substances reported to a national poison control center in the United States in 2005 through 2014(Alexandra L. Swirski, David L. Pearl, Olaf Berke, Terri L. O'Sullivan / JAVMA, Vol. 257, 2020)

APCC(ASPCA Animal Poison Control Center) : "*Toxic and Non-Toxic Plants List*", "*ASPCA Announces Top 10 Toxins of 2019 to Kickoff National Poison Prevention Week*"(2020), "*Announcing: The Top 10 Pet Toxins!*"(2020), "*Most Common Causes of Toxin Seizures in Cats*", "*People Foods to Avoid Feeding Your Pets*", "*Ingredients & Toxicities of Cleaning Products*", "*How to Spot Which Lilies are Dangerous to Cats & Plan Treatment*"(2015), "*How dangerous are winter and spring holiday plants to pets?*"(Petra A. Volmer), "*ASPCA Action winter 2006*", "*17 Plants Poisonous to Pets*", "*Is That Houseplant Safe for Your Pets?*"(2019)

〈犬, 猫の誤飲：傾向と対策〉島村麻子(アニコムホールディングス, 2012)

公益財団法人日本中毒情報センター 受信報告, 情報提供資料

《動物看護の教科書 新訂版 第5巻》(緑書房, 2020)

《伴侶動物が出合う中毒—毒のサイエンスと救急医療の実際》(山根義久監修/チクサン出版社, 2008)

《小動物の中毒学》(Gary D. Osweiler 著, 山内幸子訳, 松原哲舟監修/New LLL Publisher, 2003)

《改訂3版動物看護のための小動物栄養学》(阿部又信/ファームプレス, 2008)

《改訂版 イヌ・ネコ家庭動物の医学大百科》(山根義久監修/パイ インターナショナル, 2012)

《犬と猫の栄養学》(奈良なぎさ/緑書房, 2016)

〈日本食品標準成分表2015年版七訂〉(文部科学省科学技術・学術審議会資源調査分科会)

〈自然毒のリスクプロファイル〉(厚生労働省)

《人もペットも気をつけたい園芸有毒植物図鑑》(土橋豊/淡交社, 2015)

〈園芸活動において注意すべき有毒植物について〉(土橋豊, 2014)

《続・楽しい植物 観察入門》(大日本図書, 2015)

〈家畜疾病図鑑Web〉(農業・食品産業技術総合研究機構 動物衛生研究部門, 2016)

〈みんなの趣味の園芸 育て方がわかる植物図鑑・花図鑑(1345種)〉(NHK)

고양이 질병의 모든 것

40년간 3번의 개정판을 낸 고양이 질병 책의 바이블. 고양이가 건강할 때, 이상 증상을 보일 때, 아플 때 등 모든 순간에 곁에 두고 봐야 할 책이다. 질병의 예방과 관리, 증상과 징후, 치료법에 대한 모든 해답을 완벽하게 찾을 수 있다.

개·고양이 자연주의 육아백과

세계적인 홀리스틱 수의사 피케른의 개와 고양이를 위한 자연주의 육아백과. 50만 부 이상 팔린 세계적인 베스트셀러로 최상의 식단, 올바른 생활습관, 각종 병에 대한 대처법이 수록되어 있다.

개, 고양이 사료의 진실

미국에서 스테디셀러를 기록하고 있는 책으로 반려동물 사료에 대한 알려지지 않은 진실을 폭로한다.

우리 아이가 아파요!
개·고양이 필수 건강 백과

새로운 예방접종 스케줄부터 우리나라 사정에 맞는 나이대별 흔한 질병, 노령 동물 돌보기까지 반려동물을 건강하게 키울 수 있는 필수 건강백서.

순종 개, 품종 고양이가 좋아요?

품종 동물은 700개에 달하는 유전질환으로 고통받는다. 품종 개와 고양이가 왜 질병과 고통에 시달리는지, 건강한 반려동물을 입양하려면 어찌해야 하는지 동물복지 수의사가 알려준다.

고양이 그림일기 (한국출판문화산업진흥원 이달의 읽을 만한 책)

장군이와 흰둥이, 두 고양이와 그림 그리는 한 인간의 일 년 치 그림일기. 종이 다른 개체가 서로의 삶의 방법을 존중하며 사는 잔잔하고 소소한 이야기.

고양이 임보일기

《고양이 그림일기》의 이새벽 작가가 그린 새끼 고양이 다섯 마리를 구조해서 입양 보내기까지의 시끌벅적한 임보 이야기.

고양이는 언제나 고양이였다

고양이를 사랑하는 나라 튀르키예의, 고양이를 사랑하는 작가가 고양이에게 보내는 러브레터. 고양이를 통해 세상을 보는 사람들을 위한 아름다운 고양이 그림책.

우주식당에서 만나 (한국어린이교육문화연구원 으뜸책)

2010년 볼로냐 어린이도서전에서 올해의 일러스트레이터로 선정되었던 신현아 작가가 반려동물과 함께 사는 이야기를 네 편의 작품으로 묶었다.

나비가 없는 세상 (어린이도서연구회에서 뽑은 어린이·청소년 책)

고양이 만화가 김은희 작가가 그려내는 한국 고양이 만화의 고전. 신디, 페르캉, 추새. 개성 강한 세 마리 고양이와 만화가의 달콤쌉싸래한 동거 이야기.

동물에 대한 예의가 필요해

저자는 청소년들에게 우리는 동물들과 어떤 관계를 맺어야 하는지 그림을 통해 이야기한다. 냅킨에 쓱쓱 그린 그림을 통해 동물들의 목소리를 들을 수 있다.

동물과 이야기하는 여자

〈TV 동물농장〉에 출연해 화제가 되었던 애니멀 커뮤니케이터가 동물들과 나눈 감동의 이야기. 아픈 개, 안락사를 원하는 고양이 등과 대화를 통해 문제를 해결한다.

동물을 만나고 좋은 사람이 되었다 (한국
출판문화산업진흥원 출판 콘텐츠 창작자금지원 선정)
개, 고양이와 살게 되면서 반려인은 동물의
눈으로, 약자의 눈으로 세상을 보는 법을 배
운다. 조금 불편해졌지만 더 좋은 사람이 되
어 가는 인간의 성장기.

동물을 위해 책을 읽습니다 (한국출판문화산
업진흥원 출판 콘텐츠 창작자금지원 선정, 국립중앙도서
관 사서 추천 도서)
우리는 우리가 사랑하고, 입고, 먹고, 즐기는
동물과 어떤 관계를 맺어야 할까? 100여 편
의 책 속에서 길을 찾는다.

인간과 개, 고양이의 관계심리학
함께 살면 개, 고양이와 반려인은 닮을까?
동물학대는 인간학대로 이어질까? 248가지
심리실험을 통해 알아보는 인간과 동물이
서로에게 미치는 영향에 관한 심리 해설서.

유기동물에 관한 슬픈 보고서 (환경부 선정
우수환경도서, 어린이도서연구회에서 뽑은 어린이·청소
년 책, 한국간행물윤리위원회 좋은 책, 어린이문화진흥회
좋은 어린이책)
동물보호소에서 안락사를 기다리는 유기견,
유기묘의 모습을 사진으로 담았다. 버려져
죽임을 당하는 그들의 모습을 통해 인간이
애써 외면하는 불편한 진실을 고발한다.

유기견 입양 교과서
보호소에 입소한 유기견은 안락사와 입양
이라는 생사의 갈림길 앞에 선다. 입양을 위
해 어떻게 교육하고 어떤 노력을 해야 하는
지 차근차근 알려준다.

임신하면 왜 개, 고양이를 버릴까?
임신, 출산으로 반려동물을 버리는 나라는
한국이 유일하다. 임신, 육아로 반려동물을
버리는 사회현상에 대한 분석과 안전하게 임
신, 육아 기간을 보내는 생활법을 소개한다.

후쿠시마에 남겨진 동물들 (미래창조과학부
선정 우수과학도서, 환경부 선정 우수환경도서, 환경정의
청소년 환경책)
2011년 3월 11일, 대지진에 이은 원전 폭발로
사람들이 떠난 일본 후쿠시마. 다큐멘터리 사
진 작가가 담은 '죽음의 땅'에 남겨진 동물들
의 슬픈 기록.

후쿠시마의 고양이 (한국어린이교육문화연구원 으
뜸책)
동일본 대지진 이후 5년. 사람이 사라진 후
쿠시마에서 살처분 명령이 내려진 동물을
죽이지 않고 돌보고 있는 사람과 함께 사는
두 고양이의 모습을 담은 사진집.

펫로스 반려동물의 죽음 (아마존닷컴 올해의 책)
동물 호스피스 활동가 리타 레이놀즈가 들
려주는 반려동물의 죽음과 무지개다리 너
머의 이야기. 펫로스(pet loss)란 반려동물을
잃은 반려인의 깊은 슬픔을 말한다.

깃털, 떠난 고양이에게 쓰는 편지
프랑스 작가 클로드 앙스가리가 먼저 떠난
고양이에게 보내는 편지. 한 마리 고양이의
삶과 죽음, 상실과 부재의 고통, 동물의 영혼
에 대해 써 내려간다.

고양이 천국 (어린이도서연구회에서 뽑은 어린이·청
소년 책)
고양이와 이별한 이들을 위한 그림책. 실컷
놀고, 먹고, 자고 싶은 곳에서 잘 수 있는 곳.
그러다가 함께 살던 가족이 그리울 때면 잠시
다녀가는 고양이 천국의 모습을 그려냈다.

강아지 천국
반려견과 이별한 이들을 위한 그림책. 행복
하게 지내다가 천국의 문 앞에서 사람 가족
이 오기를 기다리는 무지개다리 너머 반려
견의 이야기.

개.똥.승. (세종도서 문학 부문)

어린이집의 교사면서 백구 세 마리와 사는 스님이 지구에서 다른 생명체와 더불어 좋은 삶을 사는 방법, 모든 생명이 똑같이 소중하다는 진리를 유쾌하게 들려준다.

개가 행복해지는 긍정교육

개의 심리와 행동학을 바탕으로 한 긍정교육법으로 50만 부 이상 판매된 반려인의 필독서. 짖기, 물기, 대소변 가리기, 분리불안 등의 문제를 평화롭게 해결한다.

개 피부병의 모든 것

홀리스틱 수의사인 저자는 상업사료의 열악한 영양과 과도한 약물 사용을 피부병 증가의 원인으로 꼽는다. 제대로 된 피부병 예방법과 치료법을 제시한다.

암 전문 수의사는 어떻게 암을 이겼나

암에 걸린 세계 최고의 암 수술 전문 수의사가 동물 환자들을 통해 배운 질병과 삶의 기쁨에 관한 이야기가 유쾌하고 따뜻하게 펼쳐진다.

버려진 개들의 언덕 (학교도서관저널 추천도서)

버려져서 동네 언덕에서 살게 된 개들의 이야기. 새끼를 낳아 키우고, 사람들에게 학대를 당하면서도 치열하게 살아가는 생명들의 2년간의 관찰기.

개에게 인간은 친구일까?

인간에 의해 버려지고 착취당하고 고통받는 우리가 몰랐던 개 이야기. 다양한 방법으로 개를 구조하고 보살피는 사람들의 아름다운 이야기가 그려진다.

노견 만세

퓰리처상을 수상한 글 작가와 사진 작가가 나이 든 개를 위해 만든 사진 에세이. 저마다 생애 최고의 마지막 나날을 보내는 노견들에게 보내는 찬사.

치료견 치로리 (어린이문화진흥회 좋은 어린이책)

비 오는 날 쓰레기장에 버려진 잡종 개 치로리. 죽음 직전 구조된 치로리는 치료견이 되어 전신마비 환자를 일으키고, 은둔형 외톨이 소년을 치료하는 등 기적을 일으킨다.

사람을 돕는 개 (한국어린이교육문화연구원 으뜸책, 학교도서관저널 추천도서)

안내견, 청각장애인 도우미견 등 장애인을 돕는 도우미견과 인명구조견, 흰개미탐지견, 검역견 등 사람과 함께 맡은 역할을 해내는 특수견을 만나본다.

용산 개 방실이 (어린이도서연구회에서 뽑은 어린이·청소년 책, 평화박물관 평화책)

용산에도 반려견을 키우며 일상을 살아가던 이웃이 살고 있었다. 용산 참사로 갑자기 아빠가 떠난 뒤 24일간 음식을 거부하고 스스로 아빠를 따라간 반려견 방실이 이야기.

채식하는 사자 리틀타이크 (아침독서 추천도서, 교육방송 EBS 〈지식채널e〉 방영)

육식동물인 사자 리틀타이크는 평생 채식 사자로 살며 개, 고양이, 양 등과 평화롭게 살았다. 종의 본능을 거부한 채식 사자의 아름다운 삶의 기록.

대단한 돼지 에스더 (환경부 선정 우수환경도서, 학교도서관저널 추천도서)

인간과 동물 사이의 사랑이 얼마나 많은 것을 변화시킬 수 있을까?. 300킬로그램의 돼지 덕분에 채식을 하고, 동물보호 활동가가 되는 놀랍고도 행복한 이야기.

실험 쥐 구름과 별

동물실험 후 안락사 직전의 실험 쥐 20마리가 구조되었다. 일반인에게 입양된 후 평범하고 행복한 시간을 보낸 그들의 삶을 기록했다.

사향고양이의 눈물을 마시다 (한국출판문화산업진흥원 우수출판 콘텐츠 제작지원 선정, 환경부 선정 우수환경도서, 학교도서관저널 추천도서, 국립중앙도서관 사서가 추천하는 휴가철에 읽기 좋은 책, 환경정의 올해의 환경책)

내가 마신 커피 때문에 인도네시아 사향고양이가 고통받는다고? 내 선택이 세계 동물에게 미치는 영향, 동물을 죽이는 것이 아니라 살리는 선택에 대해 알아본다.

황금 털 늑대 (학교도서관저널 추천도서)

공장에 가두고 황금빛 털을 빼앗는 인간의 탐욕에 맞서 늑대들이 마침내 해방을 향해 달려간다. 생명을 숫자가 아니라 이름으로 부르라는 소중함을 알려주는 그림책.

숲에서 태어나 길 위에 서다 (환경정의 올해의 청소년 환경책, 환경부 환경도서 출판 지원사업 선정)

한 해에 로드킬로 죽는 야생동물 200만 마리. 인간과 야생동물이 공존할 수 있는 방법을 찾는 현장 과학자의 야생동물 로드킬에 대한 기록.

동물복지 수의사의 동물 따라 세계 여행 (환경정의 올해의 청소년 환경책, 한국출판문화산업진흥원 중소출판사 우수콘텐츠 제작지원 선정, 학교도서관저널 추천도서)

동물원에서 일하던 수의사가 세계 19개국 178곳의 동물원, 동물보호구역을 다니며 동물원의 존재 이유에 대해 묻는다. 동물에게 윤리적인 여행이란 어떤 것일까?

동물학대의 사회학 (학교도서관저널 올해의 책)

동물학대와 인간폭력 사이의 관계를 설명한다. 페미니즘 이론 등 여러 이론적 관점을 소개하면서 앞으로 동물학대 연구가 나아갈 방향을 제시한다.

동물주의 선언 (환경부 선정 우수환경도서)

현재 가장 영향력 있는 정치철학자가 쓴 인간과 동물이 공존하는 사회로 가기 위한 철학적·실천적 지침서.

동물노동

인간이 농장동물, 실험동물 등 거의 모든 동물을 착취하면서 사는 세상에서 동물노동에 대해 묻는 책. 동물을 노동자로 인정하면 그들의 지위가 향상될까?

인간과 동물, 유대와 배신의 탄생 (환경부 선정 우수환경도서, 환경정의 선정 올해의 환경책)

미국 최대의 동물보호단체 대표가 쓴 21세기 동물해방의 새로운 지침서. 농장동물, 산업화된 반려동물 산업, 실험동물 등 현대의 모든 동물학대에 대해 다루고 있다.

동물들의 인간 심판 (대한출판문화협회 올해의 청소년 교양도서, 세종도서 교양 부문, 환경정의 청소년 환경책, 아침독서 청소년 추천도서, 학교도서관저널 추천도서)

동물을 학대하고, 학살하는 범죄를 저지른 인간이 동물 법정에 선다. 고양이, 돼지, 소 등은 인간의 범죄를 증언하고 개는 인간을 변호한다. 이 기묘한 재판의 결과는?

묻다 (환경부 선정 우수환경도서, 환경정의 올해의 환경책)

구제역, 조류독감으로 거의 매년 동물의 살처분이 이뤄진다. 사진 작가의 전염병에 의한 동물 살처분 매몰지에 대한 기록.

동물원 동물은 행복할까? (환경부 선정 우수환경도서, 학교도서관저널 추천도서)

동물원 북극곰은 야생에서 필요한 공간보다 100만 배 작은 공간에 갇혀 산다. 야생동물보호운동 활동가가 기록한 동물원에 갇힌 야생동물의 참혹한 삶.

고등학생의 국내 동물원 평가 보고서

(환경부 선정 우수환경도서)

인간이 만든 '도시의 야생동물 서식지' 동물원에서는 무슨 일이 일어나고 있나? 국내 9개 주요 동물원이 종보전, 동물복지 등 현대 동물원의 역할을 제대로 하고 있는지 평가했다.

동물 쇼의 웃음 쇼 동물의 눈물 (한국출판문화산업진흥원 청소년 권장도서, 한국출판문화산업진흥원 청소년 북토크 도서)

동물 서커스와 전시, TV와 영화 속 동물 연기자, 투우, 투견, 경마 등 동물을 이용해서 돈을 버는 오락산업 속 고통받는 동물들의 숨겨진 진실을 밝힌다.

야생동물병원 24시 (어린이도서연구회에서 뽑은 어린이·청소년 책, 한국출판문화산업진흥원 청소년 북토크 도서)

로드킬 당한 삵, 밀렵꾼의 총에 맞은 독수리, 건강을 되찾아 자연으로 돌아가는 너구리 등 대한민국 야생동물이 사람과 부대끼며 살아가는 슬프고도 아름다운 이야기.

똥으로 종이를 만드는 코끼리 아저씨

(환경부 선정 우수환경도서, 한국출판문화산업진흥원 청소년 권장도서, 서울시교육청 어린이도서관 여름 방학 권장도서, 한국출판문화산업진흥원 청소년 북토크 도서)

코끼리 똥으로 만든 재생종이 책. 코끼리 똥으로 종이와 책을 만들면서 사람과 코끼리가 평화롭게 살게 된 이야기를 코끼리 똥 종이에 그려냈다.

고통받은 동물들의 평생 안식처 동물보호구역 (환경부 선정 우수환경도서, 환경정의 올해의 어린이 환경책, 한국어린이교육문화연구원 으뜸책)

고통받다가 구조되었지만 오갈 데 없었던 야생동물의 평생 보금자리. 저자와 함께 전 세계 동물보호구역을 다니면서 행복하게 살고 있는 동물을 만난다.

물범 사냥 (노르웨이국제문학협회 번역 지원 선정)

물범 사냥 어선에 감독관으로 승선한 마리는 낯선 남자들과 6주를 보내야 한다. 남성과 여성, 인간과 동물, 세상이 평등하다고 믿는 사람들에게 펼쳐 보이는 세상.

동물은 전쟁에 어떻게 사용되나?

전쟁은 인간만의 고통일까? 자살폭탄 테러범이 된 개 등 고대부터 현대 최첨단 무기까지, 우리가 몰랐던 동물 착취의 역사.

햄스터

햄스터를 사랑한 수의사가 쓴 햄스터 행복·건강 교과서. 습성, 건강관리, 건강식단 등 햄스터 돌보기 완벽 가이드.

토끼

토끼를 건강하고 행복하게 오래 키울 수 있도록 돕는 육아 지침서. 습성·식단·행동·감정·놀이·질병 등 토끼에 관한 모든 것을 담았다.

토끼 질병의 모든 것

토끼의 건강과 질병에 관한 모든 것, 질병의 예방과 관리, 증상, 치료법, 홈 케어까지 완벽한 해답을 담았다.

고양이 안전사고 예방 안내서

초판 1쇄 2023년 5월 13일

엮은이 네코넷코 편집부
감수 핫토리 유키
옮긴이 전화영
그린이 시모다 아리사

편집 김수미, 김보경
디자인 나디하 스튜디오
교정 김수미

인쇄 정원문화인쇄

펴낸이 김보경
펴낸 곳 책공장더불어

책공장더불어
주소 서울시 종로구 혜화로16길 40
대표전화 (02)766-8406
이메일 animalbook@naver.com
블로그 http://blog.naver.com/animalbook
페이스북 @animalbook4
인스타그램 @animalbook.modoo

ISBN 978-89-97137-59-6 (03520)